園藝

（三）

翁 慎 微 著

學歷：國立中興大學園藝研究所碩士
現職：國立中興大學園藝系副教授

三 民 書 局 印 行

國家圖書館出版品預行編目資料

園藝／翁慎微著.--初版.--臺北市：
三民，民85
　　面；　　公分
參考書目：面
ISBN 957-14-0589-2 (第一冊:平裝)
ISBN 957-14-0599-X (第二冊:平裝)
ISBN 957-14-0576-0 (第三冊:平裝)

1.園藝

435

網際網路位址　http://www.sanmin.com.tw

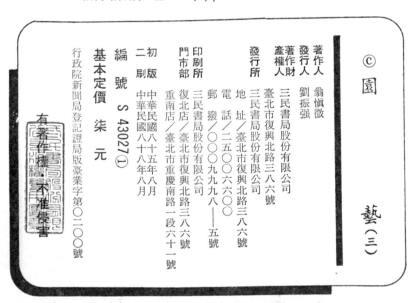

© 園

藝（三）

著作人　翁慎微
發行人　劉振強
著作財產權人　三民書局股份有限公司
發行所　三民書局股份有限公司
　　　　地址／臺北市復興北路三八六號
　　　　電話／二五○○六六○○
　　　　郵撥／○○○九九九八──五號
印刷所　三民書局股份有限公司
門市部　復北店／臺北市復興北路三八六號
　　　　重南店／臺北市重慶南路一段六十一號
初版　中華民國八十五年八月
二刷　中華民國八十八年八月
編號　S 43027①
基本定價　柒元
行政院新聞局登記證局版臺業字第○二○○號

有著作權·不准侵害

ISBN 957-14-0576-0 (第三冊：平裝)

編輯大意

一、 本書旨在提供社會大眾有關園藝之知識，對於從事園藝栽培之農友、專業人士，或造園之相關業者，本書是實用的工具；對於所有對綠化生活、植物生態、園藝管理等有興趣之學生或業餘愛好者，本書是很好的入門及參考書籍；而一般大眾，也可從本書獲得廣泛的園藝常識。

二、 本書分(一)，(二)，(三)共三冊，在使讀者適切認識園藝之意義及重要性；明瞭園藝之生長、生理與自然環境之關係；瞭解園藝植物之繁殖、管理及園產品加工處理之技術；並習得造園之技術及維護方式。兼具統整、前瞻及發展性，以符合農業科技所需，為編撰之目標。

三、 本書為增進閱讀學習效果，除編排方面要求清晰及架構分明外，每章後並附有實習，提供實作指南。另佐以豐富之實物（景觀）彩色圖片，期使閱讀學習時，得到最佳效果。

四、 本書編輯匆促，疏漏之處在所難免，尚祈各界先進不吝指正，俾再版時參照修正。

園藝㈢　目次

編輯大意

第十六章　觀賞植物

第十七章　造園

第十六章　觀賞植物

凡植物之植株姿態優美、枝葉雅緻、花朵芬芳美麗、葉片或果實之形色美觀或奇特、具有觀賞價值者，稱爲觀賞植物，又稱花卉。但狹義的花卉僅指具有觀賞價值的草本植物，而廣義的花卉則包含所有一切可供觀賞的植物，與本章所述之觀賞植物意義相符。

依概略估計，全球約有四十萬種植物，其中近六分之一具有觀賞價值，隨著人類社會文明的進步，經濟的發展，人類生活上對觀賞植物的需求亦更爲殷切，許多野生植物被直接採集應用，或進行栽培改良，使其逐漸園藝化而成爲園藝作物，據報導已園藝化之觀賞植物，不包括野生草花及高山植物在內即已達八千種以上，其種類遠較果樹及蔬菜爲多。

觀賞植物因種類繁多，除依植物學方法分類外，園藝界慣依植物形態、生長性狀、自然分布、利用途徑、栽培方式及栽培時期等來分類，在本書第二章中已概略述及。此外尚有多種實用性及通俗分類法，是綜合上述分類依據歸類，頗具實用價值，如一般除依形態分類外常將蘭花、食蟲植物、水生植物、高山植物等單獨歸類，亦可將蕨類植物或棕櫚科植物等等列爲一類。

第一節　一、二年生草花

草本花卉中可在一年內完成其從播種、成長、開花結實，至植株

枯死的整個生活史者，稱爲一年生草花，在自然狀況下多於春季播種，生長期喜好高溫，於夏秋開花結實、然後枯死，如半支蓮、千日紅、百日草、雞冠花等，但部分原產於溫帶地方的種類，如三色菫、飛燕草等性喜冷涼氣候，在溫暖地帶必須秋季播種，至翌年春季開花，雖已經跨越年度，但因其整個生活史並未超過一年 365 天，故有學者將其稱爲秋播一年生草花。而二年生草花之生活史須經兩個生長季始能完成，如毛地黃、風鈴草等，在播種當年只生長營養器官，在植株長大後遇低溫感應，越年後才能開花、結實、枯死。此類花卉如在臺灣地區平地常因多季低溫不足而無法栽培。

　　一、二年生草本花卉種類頗多，臺灣地區最常見的春播草花有百日草、千日紅、雞冠花、鳳仙花、半支蓮、雁來紅、向日葵、金光菊等。秋播草花有金魚草、矮牽牛、金盞花、五彩石竹、矢車菊、福祿考、勿忘草、滿天星、香豌豆、紫羅蘭、花菱草、虞美人等。大波斯菊、爆竹紅、孔雀草、萬壽菊等在臺灣地區爲秋播，但在溫帶地區須春播。

壹、爆竹紅

學名：*Salvia splendens* Ker.

科名：唇形科 Labiatae

英名：Scarletsage

別名：一串紅、象牙紅、牆下紅、鼠尾草

一、概說

爆竹紅原產南美洲北部，原為多年生草花，現在多作一年生栽培，因其強健易栽、花色艷麗而廣受歡迎，分布遍及世界各地，其紅色矮性品種、花朵繁密而鮮艷、花期頗長，極宜作花壇栽培的主體材料，常與淡黃色的矮萬壽菊、淺藍或粉紅的翠菊、矮薰香薊等配合布置。在溫帶地區爆竹紅為春播草花，亦常作盆栽觀賞，在臺灣則宜秋播，中南部地區冬季乾燥而溫暖，不僅花朵紅艷茂密，而且花期特長。如行春播則生長較快，且早開花，但因高溫多濕，植株易徒長，花朵稀疏，且易凋落，而致花期較短。

爆竹紅植株高可達 90 公分，莖之基部常呈木質化，莖光滑、呈四稜。葉片尖卵形、對生、緣有鋸齒、葉柄長。頂生總狀花序 2～6 朵小花輪生，萼鐘狀、宿存、與花冠同色，花冠唇形有長筒伸出萼外，花色除鮮紅外，尚有紫色、粉紅、黃白等。小堅果卵形(圖 16-1、16-2)。

二、風土適應

爆竹紅性好溫暖及充足陽光，但亦可耐半蔭，最適宜生長溫度為 20°～25°C，忌霜害，在 15°C 以下時葉片會黃化脫落，30°C 以上則花葉變小，故行溫室栽培時宜保持氣溫在 20°C 左右。種子發芽適溫為 25°～30°C，不可低於 20°C。土壤則以疏鬆肥沃為宜。

三、品種

爆竹紅依植株高度可分為矮性種、中性種及高性種等品系，其開花期大致與其高矮相符，即矮性的為早生種、高性的為晚生種。在臺灣常見的品種有早生的 Fireball，中生的 Red Pillar 及晚生的 Bon-

圖 16-1　爆竹紅

圖 16-2　爆竹紅形貌

　　fire。後者生長強健、花穗長、可長期持續開花，是最容易栽培的品種。

四、栽培管理

㈠繁殖

可以播種及扦插繁殖。本省一般以秋播爲主，早生種常行春播。爆竹紅種子爲好光性、播種後不須覆土，但因種子發芽須 7～10 日，其間須充分保持濕度而不可任其乾燥。發芽後在本葉 2～3 枚時行假植，至本葉 7～8 枚時即可定植於花壇。扦插繁殖取枝梢 2～3 節爲插穗，插於砂質插床，約經 10～20 天可生根，30 天左右即可定植。扦插爲可行之繁殖法，應與專業生產僅採播種繁殖有別。

㈡栽植

栽植株行距一般依品種及時期而定，矮性種約 20～30 公分，高性種約 30～40 公分爲原則。栽植時忌過深。栽植地宜光照充足，土壤應有適度保水力。

㈢肥培管理

定植苗成活後宜行摘心 1～2 次，以促多發側枝。生育期間應適度澆水，並酌施追肥，肥料應以氮肥與磷肥爲主，約 7～10 天施用 1 次。爆竹紅開花後花萼日久褪色而不落，應隨時清除殘花，以保持花色鮮艷而開花不絕。花穗開盡後宜及早剪除以免結子而消耗養分。如植株衰弱而開花不佳時，亦可將植株短剪至約一半高度，並立即追肥，可使其發出新芽，繼續生長而不斷開花。

㈣病蟲害

爆竹紅易發生紅蜘蛛及蚜蟲等蟲害，應適當防治之。

㈤採種

爆竹紅除第一代雜交種外均可自行採種，種子成熟時呈黑色，如不立即採收，會自行掉落地上。一般在花冠由紅褪成白色時，其種子

已經成熟，即可採收。

貳、矮牽牛

學名：*Petunia hybrida* Hort.

科名：茄科 Solanaceae

英名：Garden petunia, Common garden petunia

別名：氈子花、碧冬茄、靈芝牡丹

一、概說

　　矮牽牛原產南美洲巴西南部，原爲多年生草花，現在通常作一年生栽培，園藝品種爲撞羽矮牽牛(*P. violacea*)與腋花矮牽牛(*P. axillaris*)雜交而成，以其植株低矮而花似牽牛，故名。

　　矮牽牛株高 20～60 公分，全株具粘毛，莖稍直立或傾倒，葉全緣卵形、幾無柄，下部多互生而上部對生，花單生葉腋或枝端，花萼 5 裂，花冠漏斗形，先端具淺裂。栽培種之花形及花色變化極多，除有單瓣、重瓣之分，瓣緣有平直、波狀及不規則鋸齒，色有白、粉紅、深紅、紫、深紫、赭至近黑色，亦有雙色斑紋者，花大者徑可達 10 公分。果爲蒴果、種子甚小。

　　矮牽牛品種多，花色豐富，花期甚長，栽培期間開花絡續不絕，極適混合栽植於花壇，盛花時五彩繽紛、嬌艷動人。亦宜作盆栽、吊籃及窗臺裝飾（圖 16-3、16-4）。

圖 16-3　各種矮牽牛

圖 16-4　矮牽牛形貌

二、風土適應

　　矮牽牛性喜溫暖，不耐霜寒，生育期間白天最適溫度為 27°～
28°C，夜間為 15°～17°C，而且溫度對花色表現有密切關係，如藍白雙
色品種在 30°～35°C時花瓣完全呈藍色，在 15°C時呈白色，其間溫度則

呈現雙色，溫度昇高則藍色部分增加，變低則白色部分增多。本省夏季溫度過高亦不宜栽培。

矮牽牛喜好陽光充足，遇陰涼氣候則葉茂而花少。雙色品種亦會隨光度之增強而增加白色部分。矮牽牛爲相對性的長日植物，在長日下較易開花，春播時只需 3 個多月即可盛開，秋播則要 4、5 個月。長日會抑制分枝而使節間變長、矮日則可促進分枝使枝葉密集而增加觀賞價値。

矮牽牛忌雨澇，雨水過多時葉片及花瓣易腐爛，尤不可長期浸水。栽培之土壤以排水良好、微酸性的輕鬆土最爲適宜。

三、品種

矮牽牛的品種頗多，現今栽培種可分自交種與第一代雜交種兩大類，常見的第一代雜交種如：

1.*Grandiflora*：爲大花種。

2.*Multiflora*：爲多花種。

3.*California Giants*：爲四倍體巨大種。

四、栽培管理

㈠繁殖

可行播種或扦插繁殖。溫帶地區露地行晚春播種，要提早花期，必須在溫室盆播育苗。本省則以秋播爲主，矮牽牛種子極細小，宜行盆播、介質要篩得很細，因其爲好光性種子，可不必覆土，宜以盆浸水或噴霧給水，在20℃左右環境下約 7 天左右即可發芽，高溫時較快。扦插則以嫩梢爲插穗，在20°～23℃環境下約 2～3 週即可生根。

㈡栽植

幼苗在 4～5 片本葉時行假植，再經 2～3 週即可定植，行株距則依品種特性及栽培目的而定。春播者宜在幼苗移植後給予 4 週左右的短日處理、以促分枝，然後恢復長日促使開花。亦可行幼苗摘心以促生側枝。

㈢**肥培管理**

矮牽牛重肥，重瓣種因生育期較長約 3 星期，需肥量亦稍多。矮牽牛雖忌高溫多濕，但亦不可缺水，如植株乾到萎凋程度，則生長停止，極難恢復，故平常管理應充分給水，盆栽更應每日澆水 1～2 次為宜。矮牽牛亦忌強風，除應擇避風處栽植外，亦可酌立支柱以防倒伏。

㈣**病蟲害**

易遭紅蜘蛛及蚜蟲等為害，應定期防治。病害則以莖腐病及灰黴病為主，亦應注意防治。

㈤**採種**

市售種子以雜交種為主，不宜自行採種。

叁、金魚草

學名： *Antirrhinum majus* L.

科名：玄參科 Scrophulariaceae

英名：Snapdragon

別名：龍頭花、龍口花

一、概說

金魚草原產地中海地區，在溫帶是一年生草花，暖地可為宿根性

多年生草本，因其花似金魚，故名。臺灣通常秋播，因夏季溫度過高
而無法生存，在高冷地可以成爲宿根草。因其花色多且鮮艷，其中高
型品種宜作切花、中矮型者常用於盆栽或花壇栽培。

　　金魚草株高約 20～90 公分，莖基部常木質化，微有絨毛。葉對生
或上部互生，披針形至闊拔針形、全緣、光滑。總狀花序、小花有短
梗，萼 5 裂、花冠筒狀唇形，外被絨毛，基部膨大成囊狀，上唇直立、
2 裂，下唇開展、3 裂。花色有白、黃、粉紅、紅、紫或具複色。果爲
孔裂蒴果（圖 16-5、16-6）。

二、風土適應

圖 16-5　金魚草

圖 16-6　　金魚草形貌

金魚草性喜冷涼，在涼爽環境生長較健壯，且花多而鮮艷，白天最適溫度爲 14°～16°C，夜間最適溫度爲 7°～9°C，但夜溫不可低於 4°～5°C，在 0°C下 4 小時則花完全脫落，其植株頗耐寒，在溫帶地區可於露地越冬。

金魚草爲相對性長日植物，在長日下對晚生種之促進開花效果強，但目前已育成適應各種溫度、日長及光量的溫室品種群，可達成終年生產溫室栽培切花之目的。

金魚草栽培以排水良好的肥沃粘質壤土最爲適宜，土壤 pH 值以 6.0～7.0 最爲適宜。

三、類型及品種

金魚草的栽培品種頗多，可依單瓣、重瓣、花期、花型及應用等分爲不同系統，大體上可分爲溫室與露地兩類。溫室品種分爲 4 個品

種群以適應四季栽培。露地品種則依株高分為：

㈠高性種

株高 90～120 公分，花期較晚且長。宜供切花。

㈡中性種

株高 45～60 公分，花期中等。

㈢矮性種

株高 15～25 公分，花期最早。宜花壇栽植。

四、栽培管理

㈠繁殖

可播種，亦可扦插繁殖。金魚草種子小，活力可保持 3～4 年，好光性，播種可不覆土，在 20℃左右約經 1～2 週可以發芽，溫帶地區在 13°～15℃播種亦可正常發芽。優良品種及重瓣種不易結實，時常以側枝行扦插繁殖。

㈡栽植

幼苗有本葉 1～2 枚時宜假植一次，至本葉 4～5 枚時行定植，延後定植會延遲開花，定植行株距依品種及目的而定，切花栽培單幹整枝為 10×15 公分，花壇栽植行多幹整枝時為 20×20 公分。溫帶地區高性種之定植株距為 40～50 公分，中性種約 25～30 公分。花壇栽植宜較密。

㈢肥培管理

磷肥與堆肥應在整地時拌入土中，種植後僅追施氮鉀肥即可。多幹整枝時應在本葉 4 枚時留 2～3 節摘心，第二次再在側枝上留 1～2 節摘心，各枝應注意除去基部側芽。植株 15～20 公分高時立網以防倒伏。栽培期應適度供給水分，但應保持葉面不宿存水分，以免感染病

害。

㈣病蟲害

常見害蟲有紅蜘蛛、蚜蟲及薊馬等，應定期噴藥防治。苗期易罹萎凋病，宜行土壤消毒預防之。花期則易發生灰黴病及銹病，保持田間通風良好爲預防良策。

㈤採收及處理

切花應在花序基部小花充分展開時採收，切下後應立即插入水中，再置於 4.5℃冷水中冷卻以便貯運，因花序有背地性，裝運時應直立放置以免花序彎曲。

肆、百日草

學名：*Zinnia elegans* Jacq.

科名：菊科 Compositae

英名：Zinnia, Common Zinnia, Youth and Old Age

別名：百日菊、對葉梅、火球花

一、概說

百日草原產墨西哥，爲一年生草本花卉，植株高 50～90 公分，莖直立而粗壯，葉卵圓心臟形、全緣、基部抱莖、對生，花爲單生枝端的頭狀花序，花梗甚長，舌狀花呈倒卵形，有紫、紅、黃、白等色，管狀花橙黃色，邊緣 5 裂，花期 6～10 月，果爲瘦果，8～11 月間成熟。

百日草花大而色澤鮮艷，花期又長，頗適花壇栽培，亦可供盆栽及切花栽培，一般栽培品種均爲重瓣種，單瓣種則少有人栽培（圖16-7、16-8、16-9）。

二、風土適應

百日草性喜溫暖及光照，而不耐低溫，最適宜生長溫度白天爲25°～27°C，夜間爲 16°～20°C，溫度降至 15°C時即難開花，但種子在 10°C以上即易萌發。

百日草在短日照下花芽形成較早，但植株分枝少，花朵小而莖細。在長日照下雖然開花較遲，但分枝較多，枝葉茂密，花朵亦較大。

百日草宜栽培於排水良好的肥沃土壤，如土壤瘠薄又過於乾旱，則花朵會顯著減少，花徑也小，而且花色不良。

圖 16-7　百日草（Ⅰ）

圖 16-8　百日草形貌

圖 16-9　百日草(II)

三、類型及品種

百日草按花型可分多種，主要有：

㈠大花重瓣型

花徑在 12 公分以上，極重瓣，有濃紅、橙黃、白、紫等色，一般花徑達 15 公分左右。

㈡大理花型

花瓣先端卷曲，花徑亦如大花種。色多。

㈢中花種

花徑 4～5 公分，花多，分枝多，花梗較硬，適於切花及花壇栽培，各色品種均有。

㈣小花種

花圓球形，花徑僅 2～3 公分，適花壇栽培。

㈤矮性種

株高僅 15～40 公分，適花壇及盆栽。

㈥卷花種

花瓣向外卷縮、或呈帶狀而扭旋、下垂呈特異之形狀。其中又有大花型及花瓣特細長品種。花色多。

㈦斑紋種

花具不規則的複色條紋或斑點。

四、栽培管理

㈠繁殖

一般均行播種繁殖，播種期爲 3～4 月，在苗圃播種後經 4～5 天即可萌發，高溫期幼苗發育很快，至有 2～3 枚本葉時即可定植。但育

苗期應勤加灌水以防乾旱，否則會妨礙幼苗發育。

㈡栽植

百日草之側根較少，移植後恢復亦較慢，故宜小苗定植，苗過大時移植常導致植株下部枝葉乾枯而影響觀賞。定植之株距則依品種及栽培目的而定。

㈢管理及施肥

百日草定植後宜在株高 10 公分左右時留兩節摘心，可促生分枝而使植株粗壯。在腋芽萌發伸長至 3 公分時施用矮化劑，可使大花重瓣型品種植株低矮而開花，有助提高觀賞價值。切花栽培則多行密植而不予摘心，使主莖頂端開出梗長的大花，則切花品質優良。植株高大的品種應立支柱，使花梗直立而開花良好。庭園栽培時可於花後剪去殘花，以減少養分消耗而多抽花蕾，且枝葉整齊，有利觀賞，否則植株衰弱，枝葉雜亂，花小不美。

百日草之生育期適爲高溫期，不僅植株生長快而需水較多，土壤蒸發亦較快而易乾，故應勤加灌水。

生育期間可在定植後 3 週及第 5 週各施追肥 1 次，肥料以鉀氮爲主，同時可行中耕除草。

㈣病蟲害

生育初期受葉線蟲爲害，應避免菊科及十字花科作物爲前作。大花種易罹立枯病，應注意防治。

㈤採種

小花、中花及卷花種均可自行採種，大花種之管狀花退化，常缺雄蕊，結實必爲雜種，其性狀不定，仍以不留種爲宜。

伍、四季秋海棠

學名：*Begonia X semperflorens-cultorum*
Hort.

科名：秋海棠科 Begoniaceae

英名：Bedding begonia, Wax begonia

別名：洋秋海棠、蠟秋海棠、四季海棠

一、概說

　　四季秋海棠為原產巴西的多年生常綠草本植物，19世紀初引進歐洲後僅作為溫室栽培的熱帶植物，其後因不斷進行種間雜交，而產生了植株低矮、花色豐富、葉色多樣化的雜交後代。因其鬚根發達、植株生長旺盛、栽培容易，開花不受日照長短之影響，可以四季開花不絕，而且品種繁多，株高、花型、花色及葉色等之變化多端，適合單種或多種成簇栽培，盛花時植株表面滿佈花朵，極為高雅美麗。目前在臺灣地區大量用於花壇或盆栽，頗受歡迎。在生產上則通常作一年生栽培（圖16-10、16-11）。

　　四季秋海棠一般株高約15～20公分，但亦有高性直立品種。莖肉質、光滑。葉互生，卵圓形至廣橢圓形，或有不規則缺刻、基部歪斜。葉色有綠、褐綠、古銅或深紅等變化，表面有蠟質光澤。花為頂生或腋生的聚繖花序，雌雄異花同株，花型有單瓣與重瓣之分，花色有白、粉紅、橙紅、紅及雙色等。雄花較大，有寬大花瓣2片及較窄萼片2片，雌花較小，有花被5片，子房倒三角形，蒴果三稜形，種子多而

圖 16-10　　四季秋海棠

細小。

二、風土適應

　　四季秋海棠性喜溫暖濕潤，不耐寒冷，生長適宜溫度約 20～25℃，低於 10℃時則生長遲緩，但高於 30℃時亦會呈半休眠狀態。生長環境空氣濕度宜較大。適溫下在全日照或半日照環境均可生長，開花則以有充足日照時較佳，光照不足時植株細弱而開花稀落。但夏季高溫期則不耐烈日直射，光線過強會促使葉片捲縮。

　　四季秋海棠不耐乾燥，但亦忌積水、雨淋。土壤則以排水良好、富有機質的肥沃輕鬆土為佳，宜保持均勻濕潤，水分過多則易引致根部腐爛。夏季栽培以有遮蔭及防雨設施最為適宜。

圖 16-11　　應用四季秋海棠的花壇

三、品種

四季秋海棠目前栽培品種大多為多源雜種，大致可依花色、花型及葉色等分為下列品種類型。

㈠**矮性品種**

植株低矮，花單瓣；花色有白、粉紅及紅等，葉綠色或褐綠。

㈡**大花品種**

植株較高、花單瓣，花徑可達 4 ～ 5 公分；花色有紅、粉紅及白等，葉綠色。

㈢**重瓣品種**

花重瓣，不結種；花色有粉紅及紅色，葉色為綠色或古銅色。

四、栽培管理

㈠繁殖

可用播種、扦插或分株等法。

　　1.播種：四季可行，但以春秋氣溫20℃左右時最為適宜，可播於裝有良好育苗培養土的淺盆或木箱，亦可利用穴盤或育苗盆育苗。因種子極細小，又為好光性，播種操作應特別小心，覆土應薄或不覆土，常以搓碎的水苔粉代土覆蓋種子，因其發芽率高，種子不宜多播。播後宜採盆底吸水或噴霧給水，以免沖散種子。在適宜溫度下約1～2週可以發芽。待幼苗有2～3枚本葉時，可先行假植一次。(圖16-12)

　　2.扦插：重瓣種不易結籽，只能以扦插法繁殖，單瓣種在種子短缺時亦可行之。扦插雖然全年可行，但仍以春秋兩季較適宜。插穗應選粗壯老熟枝條，將下部枝葉剪除，上留枝葉3～5枚，並將葉片剪半，插於排水良好的濕潤介質，在20℃左右之適溫及70%左右日照下，約經20天即能發根成苗。發根後應適時移植。扦插苗分枝性較差。

　　3.分株：一般可在春季換盆時，將母株切分數株，注意傷口處理，勿使腐爛即可。此法現在極少應用。

㈡栽植

花壇栽培應選已經開始開花的大苗栽植，行株距約20～30公分。盆栽則可於幼苗有本葉3～5枚時上盆，可先植於3寸盆，俟其株葉茂盛蓋滿盆面時，換植至4或5寸盆。

㈢管理

幼苗定植後之栽培過程中應適度摘心，可以促使多發側枝而開花茂密，播種苗的分枝性強，容易培育成株形豐滿而葉色綠亮的植株。

圖 16-12　四季秋海棠育苗

花後剪去花枝，可促繼續萌發新枝而持續開花數月。待盛花期過後，可將植株上部的老莖剪除，促使自基部發生新梢，以恢復其生長勢。此時必須配合施肥才能收更新之效。

　　四季秋海棠在定植之前即應將基肥混入培養土中，栽培期中應注意水分之管理，生長旺期澆水要充足，應保持土壤的濕潤，並每月追施三要素肥料或有機肥料 1 次，亦可每週追施稀薄肥水。但在盛花後行更新修剪時要控制供水，在新梢發生後才可恢復正常。通常植株栽培兩年其生育漸弱、而株形不整，應棄去重植。高溫期之生育能力減弱亦可行強剪，並配合遮蔭以保持蔭涼通風而越夏，至秋季氣溫漸降即可恢復。

　　㈣病蟲害

　　四季秋海棠在高溫潮濕季節易發生病蟲害。蟲害以介殼蟲、蚜蟲

及蝸牛類爲主，病害有斑點性細菌病、灰黴病及病毒病等。

陸、非洲鳳仙花

學名：*Impatiens walleriana* Hook. f.

科名：鳳仙花科 Balsaminaceae

英名：Zanzibar balsam, Africar Touch-me-not

別名：蘇丹鳳仙、玻璃翠

一、概說

　　非洲鳳仙花爲原產非洲東部一帶的多年生草本植物，在溫帶地區普遍作溫室花卉栽培，在臺灣地區目前大多作爲一年生草花栽培。因其品種繁多，植株有高性與矮性之分，花型又有單瓣與重瓣之別，而且花色變化多端，花姿五彩繽紛，在臺灣幾乎可以全年栽培並開花，而以秋季至翌年春季期間開花最盛。又因其耐陰性頗強，在庭園佈置上常可用以栽植在日照較不足之處，爲良好的花壇花種，亦宜栽植於花臺或陽臺。亦有特定品種極宜作盆栽或吊盆。近年來已成頗受大衆歡迎的一二年生草花（圖 16-13、16-15）。

　　非洲鳳仙花植株矮小，其株高因品種不同約 15～60 公分，莖草質多汁、略粗，直立而多分枝，枝條開張而略下垂，全株略呈半球狀。葉片互生，卵狀披針形，緣具細鈍鋸齒，枝葉一般綠色無毛，但亦有紅色或青銅色之變種。花朵開於枝條頂端，盛開時佈滿全株，繽紛美

圖 16-13　非洲鳳仙花（Ⅰ）

麗。栽培種的花色有橙黃、橙紅、粉紅、米紅、白及紅地白紋等。花期特長，是美化居住環境的良好花材。

二、風土適應

　　非洲鳳仙花性喜溫暖濕潤的環境，生育適溫約 15～28°C，在臺灣以冬春兩季的氣候最爲適宜，而梅雨季節長期淋雨及夏季高溫均不利生長，且易遭病蟲爲害。氣溫至 32°C以上時，生育停頓而呈休眠狀態。

　　栽培的土壤以排水良好、富有機質的肥沃砂質壤土最佳。栽培環境則宜半日照至 60～70％日照。氣溫較高時則應保持蔭涼通風。

三、品種

　　近年來非洲鳳仙花的品種育成頗多，除品種間的雜交外，尚有種

間的雜交種。荷蘭等國亦有不結種子的營養系品種育成，如斑葉品種等。目前臺灣栽培者大多為一代雜交品種，可依株型、葉色、花型與花色等來分類。

㈠重瓣種

生長旺盛、株高 30～35 公分，基部分枝。花重瓣至單瓣混雜，花色有紅、粉紅、橙、白及兩色。現有 Duet, Rosette 等品種(圖 16-14)。

㈡單瓣種

花單瓣，花色有白、橙、粉紅、紅及雙色等，亦有花心顏色較深的品種。依其株型又可分為：

　　1.矮性種：株高 15～25 公分，如 Super Elfin, Sherber 等。

　　2.中性種：株高 25～30 公分，如 Fantasia, Novette Twinkle, Futura 等。

圖 16-14　重瓣非洲鳳仙花

圖 16-15　非洲鳳仙花（II）

3.高性種: 株高 30～35 公分，如 Gande, Baby, Tangeglow 等。

4.吊籃用種: 屬中性種，如 Blitz Orange, Show Stopper, Super Elfin Blush 等。

四、栽培管理

㈠繁殖

可行播種或扦插繁殖。

1.播種: 非洲鳳仙花之種子細小，具好光性，發芽適溫為 20°C 左右，臺灣以春秋兩季播種較為適宜。播種之培養土應具良好之保水及排水性，可利用穴盤或育苗盆育苗，播種時覆土宜淺、或不覆土，小心澆水以免冲散種子，在適溫下約 10～20 天發芽，至苗高 8～10 公

分，有本葉 10 枚左右時即可定植或上盆。

　　2.扦插：非洲鳳仙花扦插頗易成活，而以春秋兩季最爲適宜。扦插時可剪取長約 6～8 公分的健壯枝條，插於裝有適當介質的淺盆或木箱中，放置在無陽光直射的明亮處，保持濕度，約經 15～20 天可以發根成苗。

㈡栽植

　　花壇栽植可依品種特性採 25～40 公分之株距，行盆栽則以 5～6 寸盆種植 1 株爲原則。

㈢管理

　　花苗定植後應行摘心以促其多分枝。因其莖多肉質，不耐乾燥，栽培期間應充分給水，缺水時易引致植株下部葉片脫落而降低觀賞價值。但水分及肥料過多時易導致枝葉徒長而倒伏。故施肥不宜過多，除在定植前施有機肥料爲基肥外，只需每月追施適量三要素肥料一次即可，如植株生育過旺，則應減少氮肥。

　　非洲鳳仙花宜栽培在半陰環境，臺灣冬春兩季陽光柔和，尚可直曬，但至夏季高溫期，直射強光會導致葉色淡黃，花色暗淡，進而呈休眠狀態，此時宜將枝條強剪，並保持通風蔭涼，待秋涼後再追肥促其恢復生育及開花。

㈣病蟲害

　　非洲鳳仙花性健壯，病蟲害不多。苗期應注意蝸牛、蛞蝓等之爲害，線蟲亦宜以藥劑預防。通風不良時易發生白粉病，應以藥劑防治。

第二節　宿根花卉

　　宿根花卉即多年生草本花卉,為個體壽命能超過兩年的草本花卉,但其地下部分形態正常,播種後無論開花早晚,植株可持續生存,或於開花後其地上部分枯死,而地下部分仍然留存,然後每年定期生長開花。宿根花卉種類繁多,常見者如菊花、香石竹、非洲菊、宿根滿天星、蘭花、非洲菫、萱草等。

壹、菊花

學名：*Chrysanthemum morifolium* Ramat.

科名：菊科 Compositae

英名：Florist's chrysanthemum

別名：黃花、節花、家菊、秋菊、鞠、金蕊

一、概說

　　菊花原產我國,據古籍所載約有三千多年的栽培歷史。歷代有關菊花的記載不勝枚舉,至宋朝即有劉蒙的《菊譜》(西元 1104 年) 及范成大的《菊譜》(西元 1186 年) 等有關菊花的專書出現,記述有當時栽培品種數十種之性狀及栽培管理方法。明朝王象晉的《群芳譜》中亦記載了近 300 個菊花品種,至少包括了 16 種花型。我國栽培菊花傳入歐洲即始於明末,傳入日本較早,大約在唐朝中期(西元 729~749 年日本天平時代),後與日本若干野生菊雜交,而形成了日本栽培菊的

系統（圖16-16、16-17）。

　　菊花爲宿根草本、莖基部半木質化，·植株高 60～150 公分，莖青綠色至紫褐色、被柔毛，葉披針形至卵形、互生、有柄，葉形變化頗大、缺刻及鋸齒亦均依品種而異，花爲頭狀花序、單生或聚生於莖頂，花序直徑 2～30 公分，緣花舌狀、心花管狀，花色極富變化、除各種鮮明單色外，亦有複色品種，瘦果、種子褐色細小。

　　菊花品種繁多，花型與花色變化多端，其季節適宜性亦各不相同，再配合促成與抑制栽培技術來調節花期，在臺灣地區周年均可生產，切花與盆花除供內銷外，尙可外銷鄰近各國，栽培面積近年均保持 1,500 公頃左右，居花卉類之首，主要栽培地區在彰化縣田尾鄉一帶。

圖 16-16　菊花（Ⅰ）

圖 16-17　菊花（II）

二、風土適應

菊花耐寒而喜光照，其中小菊類耐寒性更強，在 5°C以上即可萌芽，10°C以上新芽伸長。品種間差異性極大。一般夏季日照過烈仍需稍加遮蔭。光期則因品種而異。

菊花喜好深厚肥沃、排水良好的砂質壤土，土壤 pH 值以 6～6.5 為宜。忌連作及淹水。

三、品種

菊花品種及類型極多，據報導世界上已有 25,000 個左右園藝品種，我國也有 7,000 個品種以上。目前本省經濟栽培品種主要來自日本，近來亦由歐美引進部分品種試種。

古今中外對菊花的栽培品種及類型，有多種不同的分類方法，主要依花期、花型、瓣形、栽培法、用途及光期性等而分類，常用者如：

㈠**依花的特性分類**：以大小、形狀等分類。

1.單瓣菊：舌狀花一層或數層，中心部管狀花平短。

2.托盤菊：形如單瓣菊、管狀花發達，常與舌狀花呈不同顏色。

3.蓬蓬菊：幾全由向內包捲的舌狀花組成球狀的花朵，中心管狀花少不易看見。依花徑之大小又可分小輪、中輪、大輪三型，一般3公分以下爲小輪、6.3公分以上爲大輪。

4.裝飾菊：幾全由舌狀花組成，外層較長、中間漸短，展開時較扁平。

5.大菊：花徑大於10公分，主由舌狀花組成，管狀花少、隱於花心，通稱重瓣花。依舌狀花形態又可分多型。

㈡**依瓣形及花型分類（圖 16-18）**

1.平瓣類：如寬帶型、荷花型、芍藥型等。

2.匙瓣類：如雀舌型、蜂窩型、匙球型等。

3.管瓣類：如單管型、松針型、絲髮型等（圖 16-19）。

4.桂瓣類：如平桂瓣、全桂型等。

5.畸瓣類：包括龍爪型、毛刺型等。

㈢**依用途及栽培法分類**

1.切花用

⑴單花型：留頂生花朵而除側蕾，以中大型菊爲主。

⑵多花型：不除側蕾而任其開放，各種菊均可採用。

2.盆栽用：除一般品種外已有專用矮生品種育成。

㈣**依光週期反應分類**

菊花原爲短日植物，依自然花期可分春菊、夏菊、秋菊及寒菊，

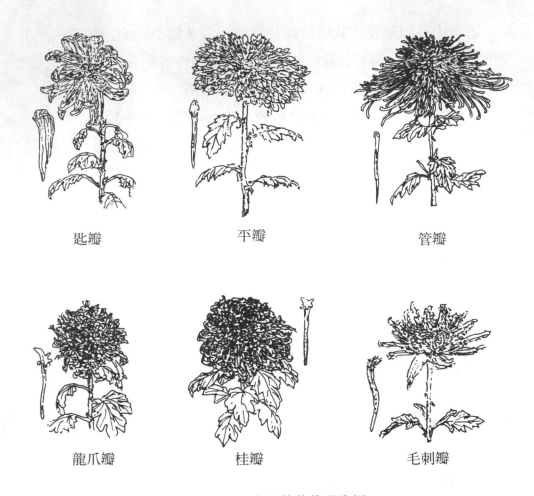

匙瓣　　　　　　平瓣　　　　　　管瓣

龍爪瓣　　　　　　桂瓣　　　　　　毛刺瓣

圖 16-18　　中國菊花花型分類

各品種對日長之需求均有不同，日人岡田氏將菊花品種分類如表
16-1。

四、栽培管理

㈠繁殖

大部分菊花品種不易結子，且變異性大，故一般多不行播種繁殖，
臺灣地區生產菊花以行扦插繁殖爲主。

圖 16-19　菊花（管瓣）

表 16-1　岡田氏(1959)菊花品種的分類

群別	開花季節群	對　光　週　反　應	
		引起花芽分化的光週	引起花芽發育與開花的光週
I	秋開花群	短日	短日
II	冬開花群	短日	短日
III	夏開花群	中性	中性
IV	晚夏開花群	中性	中性
V	早秋開花群	中性	短日
VI	岡山平和型	短日	中性

1.母株培育：將取穗母株在長日條件下培育，短日期可在夜間

電照以增日長，發育良好時即可取穗，半年間約可取穗 5 次，其後因母株逐漸衰弱，不適取穗而予更新。

2.取穗：母株在 20 公分處摘心，使發生多數側枝，在側枝長約 10～12 公分，摘取 6～8 公分長之梢頂為插穗。先以殺菌劑消毒後，再在切口處沾發根劑，帶葉扦插。

3.扦插：插床以砂質為宜，插入介質深約 1.5 公分，以能穩固直立為度，最適宜發根氣溫為 15°～18°C，床溫為 21°C，約 10～15 天即可發根，至根長 2～3 公分時即宜定植。

㈡栽植

整地時施用堆肥及磷肥，作面寬 60 公分的畦，以栽植兩行為原則。定植行株距：大花為 25×15 公分，多花型小菊為 20×15 公分。

㈢整枝

定植後 1～2 週即可行摘心，一般在苗高約 15 公分時留至少 4 片葉摘心，使發生良好側枝。大菊品種在形成 3～5 支分枝後，各枝除頂芽外應摘除所有側芽。多花型小菊品種則應在著蕾後摘除頂蕾，而保留近頂部的多數側蕾。生長期間設方格尼龍網為支架以防倒伏。

㈣施肥

定植後僅追施氮鉀肥，依 1：2 比例分次施用。

㈤電照處理

菊花為短日植物，在夜溫 15°～16°C時，大部分品種在日照短於 14.5 小時，即可花芽分化，但要在日照短於 13.5 小時花芽才發育，短於 12 小時則開花良好。但本省栽培的秋冬菊品種，在自然的環境下受冬季短日照感應，植株不高即會開花而影響切花品質，如在栽培初期以電照方式延長日照，則可抑制花芽分化，提高植株的高度，以增進切花品質。但電照時數應依所在緯度、季節及品種而異，本省 10 至 3

月間，以自晚間 10 時至凌晨 2 時電照 4 小時之效果最佳。為求節省電費，亦可採間歇電照法。本省花農電照用鎢絲燈，安裝方式如表 16-2。

表 16-2　菊花的電照處理

畦(寬 1.2 公尺)與電照	瓦特 (Watt)	燈距 (公尺)	離土面高度 (公尺)
1 畦 1 排電照	60	1.2	1.5
2 畦 1 排電照	100	1.8	1.5
3 畦 1 排電照	150	1.8	1.5

切花用菊花電照一般約需 2 個月，至株高 40～50 公分時即可停止電照，在自然環境下就會開花，開花早晚依氣溫及品種而異，如溫度過高，雖在短日照下亦會花芽分化不完全而影響開花。停止電照至開花一般約需 55～70 天。因此亦可以預定採收日期來計算所需電照日數。

㈥盆花栽培

臺灣氣候高溫多溼，雖為矮性盆花品種亦易徒長，故常需以矮化劑處理，一般在摘心後兩週噴施 PP333（巴克素）12.5～25 ppm 1 次，必要時亦可在 2 週後再噴 1 次，可提高盆花品質。

㈦病蟲害

蟲害以紅蜘蛛、蚜蟲、薊馬及葉潛蠅為主。病害則有莖腐病、灰黴病、黑斑病及白粉病等。

㈧採收

大花種在 6～8 分開時採收，外銷者在蕾期採收。多花種在中央部分全開、周圍花蕾半開時採收。

貳、非洲菊

學名：*Gerbera jamesonii* H. Bolus ex Hook. f.

科名：菊科 Compositae

英名：Transvaal daisy, African daisy, Gerbera

別名：嘉寶菊、太陽花、太陽紅

一、概說

　　非洲菊為原產南非 Transvaal 地方的宿根性草本花卉, 植株矮, 莖粗而短縮, 根肉質索狀而少分枝, 葉叢生斜出, 呈根出葉狀態, 具短葉柄, 葉片有缺刻, 幼葉、芽體、幼蕾及花莖均密被茸毛, 花著生在莖頂, 頂花蕾下的第一側芽為花芽, 第二側芽以下為葉芽, 經發生2～29葉片後, 其頂芽亦可花芽分化為花蕾, 亦即側芽發生較多則花數亦多。花莖頂端著生單一頭狀花序, 周圍 1～2 層為舌狀花, 花藥退化, 僅有花柱, 中央均為管狀完全花。

　　非洲菊花色頗豐富, 從深紅、紅、桃紅、橙、黃到白色都有, 幾乎周年都能開花, 以春夏開花較盛, 以往常將各色品種混植於花壇, 開花時五彩繽紛, 極為美麗。近年更從歐美引進新品種, 花形花色的變化更多, 且有重瓣、複色的品種, 花莖挺直、適於插花, 頗受市場歡迎。現在已形成切花經濟栽培。更因其植株低矮, 栽培時不需支柱,

節省成本，管理粗放，不需修剪、摘心，極爲省工，又可周年開花供
應市場，所以極受花農喜愛，栽培面積亦快速增加，已成爲一種新興
作物（圖 16-20）。

圖 16-20　非洲菊

二、風土適應

非洲菊性喜溫暖而乾燥的氣候，但不耐濕，目前栽培的經濟品種
多在溫室內育種而成，在夏季高溫下生長勢會衰弱，但在本省夏季採
用遮雨塑膠棚栽培，白天溫度雖高達 35°～38°C，夜溫亦達 27°C，其生
長勢雖稍衰弱，然仍能安全越夏，至氣溫轉涼時恢復旺盛生長。如無
遮雨棚保護，遇陣雨沖擊則常使根葉腐爛而致枯死。冬季低溫如長期
低於 10°C亦會影響抽穗開花。

非洲菊根系較長，宜栽植在土層深厚、排水良好的砂質壤土，最

好富含有機質。土壤酸度以 pH6.0～6.5 爲宜。

三、品種

㈠依用途分

1.切花用高性品種：大多爲由荷蘭等地引進的營養系品種，國立中興大學園藝系亦育成有桃泉、金獅等品種。此類非洲菊切花品質整齊、產量高、花色鮮艷。

2.盆花用矮性品種：大多爲由美日等國引進的實生品系，株高較矮而開花數多，常爲一代雜交種。

㈡依花型分

1.單瓣種：花序外緣僅有 1 層舌狀花。如蒙莎(Monza)，泰勒黃（Terrafame），百樂卡（Veronica）等。

2.半重瓣種：花序有 2～3 層舌狀花。如寶島（Formosa），地平線（Horizon），百事可（Pascal）等。

3.重瓣種：整個花序均由舌狀花組成。如賓果（Bingo），瑪莉白（Maria），金獅等。

四、栽培管理

㈠繁殖

以播種、分株、扦插爲主，近年實行莖頂或花莖組織培養繁殖。

1.播種法：非洲菊種子爲瘦果、細長、有冠毛，播種時將種子冠毛端向上直立挿入苗床、播距約 3 公分，在 18°～20℃約 5 天開始發芽，在本葉 2～3 片時以 5×10 公分行株距假植，有本葉 5～6 片時行定植。

2.分株法：栽植 2～3 年後植株常有數芽，可掘起植株，在莖之

分叉處以利刃切割分離，然後修剪老根與莖葉即可栽植。此法春秋均可進行，但因易由傷口腐爛而少採用。

　　3.芽插法：掘出老株，摘除葉片，剪短根群，洗淨後浸在 10～50ppm 之 BA(Benzyl adenine)溶液 1 小時，再植回苗床，在 23°～25°C可發生多量小芽,在芽葉長 5 公分時切取、切口塗發根劑後插於噴霧插床，約 25～30 天發根，根群發達後即可定植。

　　4.組織培養法：以莖頂或花莖培養,可得大量無病毒苗,瓶苗經假植於穴盤，在噴霧插床下健化後始可定植。

　　㈡**栽植**

　　在本省雖說全年均可栽植，但夏季高溫期定植管理較爲困難。定植以每畦栽植 2～3 行較易管理，行株距以 40×30 公分爲宜（圖 16-21）。

　　㈢**管理**

　　栽植初期應充分供水以促恢復生長，經 1 週後即可漸減水量，待出現花蕾後，水分即不可過多。

　　非洲菊定植約 4 個月後，開始抽苔開花，日久新芽常埋於老葉叢中，爲增加光照、促進通風，常需拔除老葉以促進抽苔開花及減少病蟲害。約經 2～3 年後，因分莖增加而致新莖無法充分生長，使抽苔率及切花品質下降，此時即應行更新或另覓地栽培。

　　㈣**施肥**

　　除整地時充分施用有機肥及三要素爲基肥外，在栽培生產期間應每 20～30 天施追肥 1 次，每一開花植株約施用混合肥料 3～5 克。缺乏微量元素時，可每個月葉面施肥 1 次。並應注意保持土壤 pH 值在 6.5 左右，勿使過酸。

　　㈤**病蟲害**

圖 16-21　非洲菊栽培

蟲害以紅蜘蛛及斑潛蠅等為主。病害則有立枯病、疫病、根腐病及白粉病等，在陰雨季節亦易發生菌核病、白絹病及細菌性穿孔病，均應注意防治。

㈥切花採收

非洲菊幼嫩花朵吸水性不良，故應在適當開放時採收，如單瓣種應在管狀花有 2～3 輪開放時採收，採後應立即插入水中令其吸水半小時至 1 小時，然後以漏斗形塑膠套保護花朵，以防花瓣脫落。

叁、滿天星

學名：*Gypsophila paniculata* L.

科名：石竹科 Caryophyllaceae

英名：Baby's-breath

別名：宿根霞草、絲石竹、小白花

一、概說

滿天星原產地中海沿岸，是一種株高約50～90公分的宿根性草本花卉，性強健，植株稍被白粉、枝條纖細而多分枝、開張。葉對生、披針形至線狀披針形。花頂生，由多數小花組成疏散的複繖房花序，小花白色，萼短鐘形，5裂，花瓣5，栽培品種有重瓣及半重瓣種。重瓣種花多而密集，高雅清麗，遠觀似霞，可作插花的上等陪襯花材。陰乾後為良好乾燥花，亦宜作為壓花材料（圖16-22）。

滿天星在溫帶地區花期為6～8月，在臺灣依栽培期的不同，幾乎全年都能開花，但因平地夏季高溫多濕，露地栽培極難越夏，通常均作二年生栽培，宿根栽培宜在中海拔冷涼地區進行。民國81年栽培面積為158公頃，主要生產地在南投縣埔里地區，以生產切花為主。

二、風土適應

滿天星性喜冷涼氣候，生育適溫在10°～25°C之間，在適溫範圍內則以較高溫度之生長較快，低於10°C則生長停滯，但其耐寒性頗強，在溫帶地區可以露地越冬。

滿天星喜栽植於陽光充足、排水良好的微鹼性石灰質壤土，喜乾燥、耐貧瘠，忌高溫多濕。

圖 16-22　滿天星

三、品種

　　滿天星栽培種有大花變種，矮性變種及重瓣變種。主要重瓣種有：

　　1.Bristol Fairy：高約 1 公尺，白花，為臺灣地區主要栽培種。

　　2.Flamingo：高約 1.2 公尺，花粉紅色。

　　3.Plena：高約 70 公分，花白色。

　　4.Rosenschleier：高約 30 公分，花粉紅色。

　　其他如 Perfecta, Diamond 為白花種，Red sea 為紅色種。

四、栽培管理

㈠繁殖

　　單瓣種及半重瓣種可行播種、分株及扦插繁殖。本省除夏季外均

宜播種，播種後稍覆細土、充分澆水，在 15°～20℃之適溫約經 1 週即可發芽。但目前切花栽培品種以重瓣種爲主，因無法產生種子而以行分株及側枝扦插繁殖爲宜，本省夏季高溫長日不適滿天星生長，故花農多在夏末秋初進行育苗工作，但此時可採用的插穗數量有限，且不易發根，所以近來在經濟栽培上多採用組織培養法，培育採穗母株以供扦插，可大量繁殖健康而無病毒的種苗。

㈡栽植

一般栽植行距約 90～100 公分，株距 35～45 公分，定植前宜先行摘心以促生分枝，亦可在定植成活後摘心。

㈢管理

幼苗摘心後會發生多數側枝，應選留 5～8 健壯枝而摘除其餘部分，待側枝向上抽長時應立支柱並拉網，下層用略寬於畦面的 3～4 孔方格尼龍網，上層用二孔網以方便切花。栽培後期宜酌減給水，稍乾旱有促進開花之效。

㈣施肥

定植前整地時施入堆肥及磷肥爲基肥，生長期宜每月追肥一次，增加磷鉀比例有利開花。

㈤病蟲害

蟲害以蚜蟲、紅蜘蛛等爲主，近來亦發現有非洲菊斑潛蠅及潛葉蠅爲害，山地及連作地亦常發現有線蟲。病害以毒素病等爲主。

㈥採收

切花採收應從上端枝條順次剪至下端之枝條，當第一次花採收完畢後，可將地上部分剪除以促使萌發側芽，可採收第二次花，臺灣平地夏季溫度過高，滿天星不易越夏，在採收一、二次後即應廢棄更新。

第三節 球根花卉

球根花卉為多年生花卉中之一類，但其地下部分的根或莖變態肥大，形成球狀或塊狀的貯藏器官，貯存多量養分，並保有適量的芽體，藉休眠作用來渡過一年中不適生長的時期，如乾旱期或嚴寒期，以延續其個體生命，當適宜生長的季節來臨時，即利用其貯存的養分供給芽體萌發生長、開花結實，並在形成另一個貯藏器官後進入休眠，完成一個世代。其休眠期之長短及時期，則依植物種類而異，如唐菖蒲之休眠期長，為夏季休眠，石蒜之休眠期短，為多季休眠，其他如百合、水仙、鬱金香、風信子等則休眠期中等。

臺灣常見的球根花卉有：

㈠**球莖**

唐菖蒲、小蒼蘭、番紅花、射干菖蒲等。

㈡**鱗莖**

1.鱗皮鱗莖：又稱有皮鱗莖或層狀鱗莖，如水仙、孤挺花、鬱金香、風信子等。

2.鱗片鱗莖：又稱無皮鱗莖、鱗狀鱗莖，如百合類。

㈢**塊莖**

有仙客來、大岩桐、球根海棠、海芋、彩葉芋等。

㈣**塊根**

有大理花、麒麟菊、嘉蘭等。

㈤**根莖**

有美人蕉、薑花、蓮花、鳶尾等。

球根花卉的栽植、生長與開花主要受溫度的影響，僅少部分如大

理花會受日長影響。一般原產在多旱或較熱地區的種類，宜在春季栽植球根，在春夏間生長開花，在秋季溫度降低時地上部枯萎而休眠，如大理花、孤挺花等。而原產溫帶地區的種類，則應在秋季栽植球根，生長發育至開花前常需有一段低溫時間，才能正常生長而於春季開花，至夏乾或高溫期進入休眠，如水仙、百合、風信子、小蒼蘭等。

　　球根花卉開花後 30～60 天，其地上部之葉片約 1/3～2/3 枯黃時，球根已成熟飽滿，為防休眠期球根因高溫或潮濕而引起腐爛，應適時掘起，貯藏於陰涼處，除球莖外均不宜過乾，必要時尚須澆水以保適當濕度。掘球不可過早，否則養分貯藏不足，影響將來生長發育及開花甚鉅。

壹、唐菖蒲

學名：*Gladiolus hybridus* Hort.

科名：鳶尾科 Iridaceae

英名：Garden gladiolus, Sword lily

別名：劍蘭、菖蘭、扁竹蓮、十樣錦、福蘭

一、概說

　　唐菖蒲為原產中、南非洲及地中海沿岸地區的多年生球根花卉，原生種以南非好望角一帶最多。其地下部分具球莖，為莖軸基部肥大而成，外包數片由葉片基部乾縮而成的鱗片，球莖扁球形，根為鬚根，植株高約 40～90 公分，亦有高達 1 公尺以上之品種。莖粗狀而直立、葉劍形，故稱劍蘭，平行脈。花序穗狀、著花 12～24 朵，通常排成 2

列，花被 6 片，分爲內外 2 層，外輪較內輪肥大。花色豐富，有白、黃、橙、粉紅、紅、深紅、紫、藍等深淺不一的單色或複色，花瓣亦有平瓣、波狀、缺刻及重瓣等變化。花朵由下向上依序開花，花期則因栽植期而異。果爲蒴果、種子扁平有翼。

　　唐菖蒲花色明艷，爲良好的插花材料，故目前大多行切花栽培。民國 81 年全省栽培面積達 601 公頃，主要在臺中縣、彰化縣一帶，以后里地區栽培最多。除供內銷，亦全年外銷港、新等地，冬季可銷日本（圖 16-23）。

圖 16-23　唐菖蒲

二、風土適應

唐菖蒲性喜多季溫暖而夏季涼爽的氣候，相當耐寒，但夏季溫度過高時則生長遲緩。生長臨界低溫為 3℃，在 4°〜5℃時球莖即可萌動生長，生育適溫白天為 20°〜25℃，夜間為 10°〜15℃。故臺灣栽培適期為 10〜4 月間。唐菖蒲亦喜充足陽光，長日照有利於花芽分化，而短日照可促進開花。

唐菖蒲喜栽培於土層深厚肥沃而排水良好的砂質壤土，不宜低窪積水及粘重土壤，土壤 pH 值以 5.6〜6.5 為宜。一般對栽培土壤選擇並不嚴苛。

三、品種

人類開始栽培野生唐菖蒲始於 17 世紀初期，至 19 世紀初即開始作雜交育種等品種改良工作，現今世界各地廣為栽培的均非純粹原種，而是遺傳因子極為複雜的雜交種。據統計當前世界有唐菖蒲品種約萬種，我國亦有一百多個品種。目前國際上對唐菖蒲品種的分類亦不統一。大致可依生態習性分為春花系統及夏花系統。依花型可分為大花型、小蝶型、報春花型及鳶尾型。依生長期可分為早花、中花及晚花等類。亦有依花色、瓣型等來分類。

在臺灣經濟栽培切花品種主要均引自國外，早期以美粉（Love Song，淡粉紅）、瑪德利亞（Vateria，鮮紅）、新粉（Traveler，淡桃紅）、黑骨（深紅）等種為主，後又有史潘（Spic and Span，粉紅大花）、美麗紅（Red Beauty，猩紅）、巴西吻（Kiss of Brazil，深橙紅）、彼德（Peter Pears，大花橙紅）、桃美人（T512，深桃紅）、粉梅（T609，淺粉紅）、爵士黃（Jester，鮮黃）、白友情（White Friendship, 白)、藍愛(Blue Isle, 藍紫) 等品種。

四、栽培管理

㈠繁殖

唐菖蒲除育種外，均不採種子繁殖。一般栽培可行分球法，即在前作花後適當時期掘出新形成的球莖，在新球底部常有多數子球，俗稱爲木子，經充分休眠後，大球可直接栽培開花，木子則經種植培養使球體肥大後才能作爲切花栽培用種球，小型木子常需培養 2 年才能開花。一般在長日下木子產生較少，但較大，在短日下木子多而小。木子通常休眠期頗長，有些品種可以 25°～30°C之高溫處理 3 星期,或先高溫 5 天，再於 0°～3°C處理 40 天來打破休眠，以促萌芽。

爲求加速繁殖，在種球數量少時可行切球繁殖，但每塊球體均必須帶 1 個以上的芽，切口亦應以殺菌劑消毒防腐。組織培養亦爲大量繁殖及去除病毒、恢復健壯的良法，一般行側芽生長點或花莖組織培養（圖 16-24）。

㈡種植

臺灣主要栽培夏花系統，在終年溫暖的環境，四季均可栽培開花，但因夏季高溫多濕，病蟲較多而品質不佳，價賤而少栽培。一般以 10～4 月間栽培較爲適宜。爲調節切花供應亦可先預定花期，再計算栽培時間，但自栽培至開花所需的日數會因季節及品種而異，通常高溫期約爲 55～70 天，低溫期爲 65～85 天，栽培者可依其經驗而估算之。

經濟栽培之種球可先冷藏在 3°～5°C下 40 天以打破休眠，然後以殺菌劑如萬力 1000 倍液浸泡 1 小時行消毒後栽植。土壤可在栽植前施用殺線蟲劑消毒以減少線蟲爲害。

切花用種球栽植行株距採 15～20×15 公分,木子栽培採 20×5 公

圖 16-24　唐菖蒲栽培

分，一般爲避免妨礙萌芽常先行淺溝栽植，待萌芽後株高約 20 公分時才行覆土以免倒伏，覆土約爲球高 2～3 倍。

㈢**肥培管理**

一般在整地同時施下全部有機肥及磷肥，氮肥之1/3及鉀肥之1/2亦作基肥，其餘可分 2～3 次作追肥，通常在有 2～3 葉、6～7 葉及開花前施用。栽培木子以培養種球者應注意多施肥料，切花栽培需肥不多。切花栽培在抽穗前後應立支柱，可用方格尼龍網，較爲方便。

㈣**病蟲害**

蟲害以根蟎、蚜蟲、薊馬及線蟲爲主。病害有銹病、葉枯病、根腐病、莖腐病、赤斑病、毒素病、灰黴病等。

㈤**採收**

切花在花穗下端第 1 朵花著色時採收。貯藏運輸均應保持花穗直

立，以防花穗前端彎曲。貯藏溫度宜保持在 2°～5°C。

㈥種球採收

在切花後地上葉片有 1/3～1/2 枯黃時即可掘取種球，採收之種球可直接貯藏在陰乾的室溫環境下。如在 3°～5°C的乾燥環境則可貯藏半年，但冷藏過久之種球在栽培時易產生盲芽株。

貳、百合屬

學名：*Lilium* spp.

科名：百合科 Liliaceae

英名：Lily

一、概說

百合屬植物約有一百種，主要原產在北半球各地，我國即有原生種約 20 種。百合地下具扁球形的無皮鱗莖，由多數肥厚肉質的鱗片抱合而成，地上莖直立，高 50～150 公分，葉互生或輪生、線形、披針形至心形、平行脈、部分種類之葉腋易生珠芽，花單生至總狀花序，大型、喇叭狀或漏斗狀，花被 6 片，平伸或反卷，基部具蜜腺，花色極多，有白、粉紅、淡綠、橙、黃、紅、紫及複色或有斑點，常具芳香、蒴果 3 室、種子扁平（圖 16-25）。

人類在 1 世紀即有利用野生百合的記載，我國在唐朝就有百合的栽培，但園藝栽培品種的改良，則為近百年來各國積極進行種間雜交所致，近年品種的增加尤為快速，可由各國百合協會發行的百合年鑑上獲知大概。

圖 16-25　百合（亞洲型百合）

百合因其花色花姿的變化多端，嬌艷美麗，是極高級的插花材料，臺灣自 74 年引進國外雜交品種試種，到 76 年加強防雨設施，生產高品質的切花，不僅供應本地市場，並試行外銷，數年間栽培面積急速增加，主要產地集中在中部地區，以臺中縣后里鄉、南投縣埔里鎮及草屯鎮、苗栗縣卓蘭鎮、彰化縣溪州鄉及臺中市軍功里等地栽培較多。

二、風土適應

百合類大多性喜冷涼濕潤氣候，最適宜生長日溫為 20°～25°C，夜溫為 10°～15°C。需要充足日照，在溫帶地區冬季光照不足時會引起落蕾落花，為促進開花，需每天延長光照 5 小時，本省則因夏季光照太強，反會引致植株生育不良，應依品種及時節而加適當遮蔭。多數種類較耐寒而不耐熱。

百合因種類多，其對土壤之要求亦不盡相同，一般以土質疏鬆、排水良好、肥沃而富有機質的砂質壤土為宜，土壤 pH 值以 6.0～7.0 為適。

三、品種

百合原種分類頗雜，應用不便，後來 Wilson 將園藝栽培最多的 Eulirion 亞屬，提出分為 4 個系統較為實用：

㈠**鐵砲百合系統**

花喇叭或杯狀，水平或下垂開放，花被反捲 1/3 以下，雄蕊整齊一致，有鐵砲百合（麝香百合）、高砂百合（臺灣百合）、王百合、日本百合等。

㈡**山百合系統**

花漏斗或杯狀，水平開放，花被反捲 1/2 以上，雄蕊分散。山百合（天香百合）及其雜交種。

㈢**透百合系統**

花杯狀或星狀，向上開放，全開張，花被端部彎曲而不反捲，雄蕊分散。有透百合、山丹、毛百合、姬百合等。

㈣**鹿子百合系統**

花鐘狀，向下開放，花被由中部最寬處反捲呈球狀，雄蕊分散。有鹿子百合、卷丹、竹葉百合等。

依英國皇家園藝學會對雜交種百合所作的分類，將其分為 9 類，其中 3 類為目前本省經濟栽培的百合切花種類：

㈠**鐵砲百合雜交品種**

如鐵砲與高砂的雜交種──新鐵砲百合。

㈡**亞洲型雜交百合**

由亞洲原產的透百合、姬百合等與南歐百合雜交育成之品種，色彩極豐富，具各種單色及複色或具多色斑點，花較小而多，向上開放，生長期短，爲世界最主要的切花品種。臺灣地區已引進數十品種，如 Prominence, Positano, San Francisco, Dreamland 等。

㈢東方型雜交百合

由鹿子百合、山百合及葵百合等雜交而成的品種。花大而向側面開放，具特殊香味，生長期較長，有白、桃紅、紫紅等色。如 Star Gazer、Casa Blanca 等。

其他雜交型品種如喇叭型、土耳其帽型等大多爲花小而多的品種，適於庭園栽培。

四、栽培管理

㈠繁殖

播種、分球、珠芽、扦插、組織培養均可。

1.種子：發芽適溫爲 10°～20°C，好光，20～30 天可發芽，大多須第 3 年方能開花。

2.小球及珠芽：採收經貯藏後於秋季栽植，1～3 年開花。

3.鱗片插：可大量繁殖，將鱗片取下後先以殺菌劑消毒，再經催芽處理後種植，約 2 年可收切花種球。

4.莖插：開花後切莖長 5～8 公分，插於插床，可使在葉腋處產生珠芽用來繁殖。

5.組織培養：可大量繁殖無病毒苗。荷蘭每年生產超過一千萬株組培苗。

㈡種植

種球大多由荷蘭進口，並經 5°C 處理打破休眠，取到種球時應即刻

栽種。同一品種低溫處理愈久，定植後愈早開花，如 Prominence 品種，處理 3 週開花需時 127 天，4 週爲 109 天，5 週爲 91 天，6 週只需時 88 天。栽植距離約 12～20 公分，深度爲球高 1.5～3 倍。栽植地宜有遮雨設施，可較少發生病害，切花較長而品質較佳，管理較容易，且可提早數天開花。百合不宜連作（圖 16-26）。

㈢**肥培管理**

整地時宜多施有機肥，化學肥料每 10 公畝施硫銨 90 公斤、過磷酸鈣 100 公斤、氯化鉀 30 公斤，2/3 爲基肥，餘作追肥。東方型百合植株較高，易倒伏折斷，宜在一定高度時設尼龍網格爲支柱。定植後田間須充分澆水，其後只需維持濕潤即可，不可行溝灌，以免根部腐爛。

㈣**病蟲害**

圖 16-26　百合栽培

蟲害以蚜蟲、紅蜘蛛為主。病害有莖腐病、毒素病、炭疽病、葉枯病、腐爛病及青黴病等。

㈤採收

在花序最低處第 1 朵花轉色後即應採收。球根則應在開花後1.5～2 個月，葉開始黃化時掘取收穫。百合鱗球易乾，應置於濕砂或木屑中貯藏，長期貯藏應置於 0°～2°C之冷藏庫中。

叄、晚香玉

學名：*Polianthes tuberosa* L.

科名：龍舌蘭科 Agavaceae

英名：Tuberose

別名：夜來香、月下香、玉簪花

一、概說

晚香玉為原產在墨西哥一帶的多年生球根花卉，地下莖為圓錐形塊莖，植株高約80～120 公分，葉為線形或帶狀披針形的根出葉，長約 45 公分、寬約 1.5 公分。花莖由葉叢中抽出，上有披針形小葉互生，頂端有 20～30 朵小花作穗狀花序排列，小花細長圓筒形，純白至乳白色，香氣濃郁，至夜間香氣更濃，故又名夜來香。可供切花、庭園栽培，亦可採花抽取香精。臺灣早在 17 世紀便由華南引進栽培，目前以嘉義市及高屏地區栽培較多，81 年栽培面積為 120 公頃，切花除供國內市場外，冬季尚可外銷日本（圖 16-27）。

圖 16-27　晚香玉

二、風土適應

　　晚香玉性喜溫暖濕潤及陽光充足的環境，在原產地為周年生長開花的常綠性草本，在臺灣則習慣每 2～3 年掘球重種。生長適溫為 25°～30°C，生長之臨界溫度日溫需 14°C以上，夜間溫度可較低，故多季會呈休眠狀態。

　　晚香玉對土壤要求並不嚴苛，較喜肥沃潮濕而不積水的粘質壤土，忌乾旱。

三、品種

在臺灣栽培的晚香玉仍只有單瓣與重瓣兩品種。

㈠單瓣種

花被 6 瓣、白色、花序較短、花莖較細，宜瓶挿，可作切花及抽取香精。

㈡重瓣種

花被多達 12～31 瓣，夏秋白色，冬春時外花被呈淡紅色，花序較長且粗，主供切花。

四、栽培管理

㈠繁殖

主要行分株、分球法繁殖。傳統上臺灣的晚香玉均於冬春之際掘取種球，自然陰乾後，在 3～5 月間種植，經生產 2～3 年切花後，再掘取種球更新，其分生的子球較大者當年栽培就能開花，小的則需培養 2～3 年方能開花。

㈡栽植

露地栽培行距約 45～50 公分，株距 30 公分，種植球徑約 2.5 公分的子彈形種球一枚。亦有採畦寬 90 公分，植 2 行，行株距均採 45 公分，每穴種植 3 球，各球距 10 公分三角形種植者，需種球數較多。種植前經 7°～10°C冷藏 30 天者可提早開花約半個月。

㈢施肥

整地時應充分施用腐熟堆肥爲基肥，栽植後每 1～2 個月施用臺肥 43 號複合肥料爲追肥，第 1 次追肥亦可加重氮肥比例，如臺肥 1 號複合肥料。施肥後亦可配合殺蟲劑之施用，並行培土及灌水。

㈣管理

晚香玉栽植時只宜淺埋種球，待發芽葉片伸長後再逐漸配合施肥等管理工作行培土。生育期間應經常保持土壤濕度，乾旱則生育不良。

㈤病蟲害

蟲害以粉介殼蟲、根瘤線蟲等為主，病害以灰黴病等為主。

㈥採收

切花採收一般在清晨或傍晚進行，夏季擇花穗基部已有 1～2 對花蕾先端稍裂開者，冬春季則擇基部花蕾已褪綠轉白將開者採收。抽摘出花穗後除去節部苞葉，每 20 支綁成一把，切齊基部後放置水中 4～6 小時使充分吸水，再裝箱運銷。

在臺灣晚香玉產期仍以夏季為主，如要調節花期則可將標準種球冷藏於 5°C 的冷藏庫中，在半年間可於 6～10 月之間分批取出種植而分散花期。

肆、大岩桐

學名：*Sinningia speciosa* Hiern.

科名：苦苣苔科 Gesneriaceae

英名：Gloxinia

別名：新寧治花

一、概說

大岩桐為原產巴西的球根花卉，地下具扁球形塊莖，芽在中央，株高 12～25 公分，莖極短，全株密布絨毛，葉對生，長橢圓形或略帶

卵形，葉緣具鈍鋸齒，葉背稍帶紅色。花頂生或腋生，花梗比葉長，每梗一花，萼五角形，花冠廣鐘形、五裂，園藝品種的花頗大，花色有白、粉紅、紅、紫、藍紫等單色及有斑點或鑲白邊的品種。溫帶地區花期在夏天，在臺灣周年有花，以春秋兩季較佳。

　　大岩桐宜作盆栽，適合陽臺、窗邊等半蔭地方培養，花盛開時姹紫嫣紅、質如絲絨，極惹人愛，現在盆栽花卉市場佔有頗重要的地位（圖16-28）。

二、風土適應

　　大岩桐性喜溫暖潮濕及半蔭的環境，生育溫度以20°～30°C最為適宜，相對濕度應保持70～80%，夏季宜遮光40～50%。栽培用土以肥沃輕鬆而排水良好的腐殖質壤土為最好。

圖16-28　大岩桐

三、品種

大岩桐在 1785 年發現時的原種爲紫藍色, 經近百餘年來的育種改良, 現在的園藝品種花色絢麗多彩, 通稱爲雜交大岩桐, 品種極多, 可分爲下列類型:

㈠**厚葉型**(*Crassifolia*)

花冠 5 裂而圓, 花大, 質厚, 早花。

㈡**大花型** (*Grandiflora*)

花更大而多, 具 6～8 裂片。葉稍小。

㈢**重瓣型**(*Double Gloxinia*)

花大, 重瓣 2～5 層, 十分華麗。

㈣**多花型**(*Multiflora*)

直立性、花多、花筒稍短具 8 枚裂片, 花梗亦短, 宜小型盆栽。

四、栽培管理

㈠**繁殖**

一般以播種爲主, 重瓣種可行扦插或分球。種子爲好光性, 不宜覆土, 因種子小, 可混沙播於細質疏鬆介質, 並宜行播種盆底浸水法, 在 20°～25°C約 10～15 天發芽, 至有本葉 4～5 枚時上盆, 自播種至開花約需時 6 個月。扦插以葉插及芽插爲主。葉插時取帶柄厚實老葉, 將葉柄及 1/4 葉片斜插於插床介質中, 待切口發根形成小球後即可栽植。芽插則可剪取球根發生的多餘新芽, 帶 4～5 片葉扦插, 約 3 週可生根。分球法爲將塊莖帶芽切開栽植即可。

㈡**栽植**

一般行盆栽, 以 5 寸盆定植爲宜。培養土宜經消毒, 並應含充分

有機肥及基肥。

㈢肥培管理

栽培期間應注意澆水，定植至開花期間宜每日上午澆水一次。夏季應遮光 50%以利生長。大岩桐因葉片肥厚而多絨毛，遇雨易腐爛，故栽培期間宜有遮雨棚。生長期間應每 15～20 天施用三要素稀釋液或豆餅浸出液等爲追肥，如在調配培養土時每盆加入魔肥 5 公克，則可維持長效。花謝後枝葉逐漸枯黃，爲進入休眠期，宜保持乾燥，亦可掘取貯藏在微有濕氣的沙中，貯藏溫度以 8°～10°C爲宜。臺灣可將球根留置盆中越冬，至翌春會萌發新芽，宜換培養土栽植。近來栽培者常將大岩桐當一年生花卉栽培，每年播種，而廢棄老塊莖。

㈣病蟲害

蟲害以尺蠖、蝸牛、蛞蝓及線蟲爲主。病害有灰黴病、疫病等。

㈤採種

優良系統可於花柱裂開時行人工授粉，經 30～40 天後果實微裂時即可採種。

第四節 觀葉植物

凡植物之葉形美觀特殊，葉色鮮艷美麗或植株之姿態優雅可愛，足為吾人觀賞標的者，均可稱為觀葉植物。其實觀葉植物中亦有能開出美麗花朶的種類。

觀葉植物之種類繁多，依其生長環境及利用範圍可概分為室外觀葉植物及室內觀葉植物兩大類。室外觀葉植物大多為陽性植物，在自然環境生長良好，常作為庭園布置的植生材料，部分種類亦可短期移入室內，但無法長期在室內正常生長。室內觀葉植物大多屬陰性植物，以原產熱帶雨林之下層植物為主，栽培時需要遮光，在室內弱光環境下可以長期正常生長。

臺灣常見的觀葉植物種類頗多，除觀賞樹木類外尚有：

㈠**木本觀葉植物**

有大戟科植物、桑科植物、五加科植物、龍舌蘭科植物、爵床科植物及其他。

㈡**草本觀葉植物**

亦包括有天南星科植物、龍舌蘭科植物、秋海棠科植物、鳳梨科植物、百合科植物、葛鬱金科植物、蕨類植物、鴨跖草科植物、莧科植物及其他。

壹、天南星科植物

一、概說

天南星科(Araceae)植物種類極多，大多爲原產於熱帶雨林的下層植物，其中可作爲觀葉植物的種類很多，除蔓性植物外，常見者有粗肋草、黛粉葉、彩葉芋、觀音蓮等，均極適合在臺灣栽培。

㈠粗肋草類(*Aglaonema* spp.)

英名 Chinese evergreen，別名廣東萬年靑。大多原產亞洲熱帶地方。爲多年生草本觀葉植物，莖直立,葉披針形至卵形，常呈灰色、乳白等之斑紋。其耐陰性極強，生長緩慢，株形不易散亂，照顧容易，深受一般大衆的喜愛，是非常優良的室內觀葉植物。

㈡黛粉葉類(*Dieffenbachia* spp.)

英名 Dumb cane，別名大王萬年靑、啞蔗。爲原產熱帶美洲的多年生草本觀葉植物，莖直立粗壯如蔗，節明顯，葉大，長橢圓形至卵圓形，葉質厚實，濃綠色，栽培種常有白色斑點沿葉脈分布。汁液有毒，入口會導致暫時性聲啞。

㈢彩葉芋(*Caladium hybrida*)

英名 Fancy-leaved caladium，別名花葉芋、五彩芋。爲多年生球根觀葉植物，由熱帶美洲原產的原種雜交改良而成，葉形及葉色變化多端，大小及質地亦各不同，爲極有價值的室內觀葉植物。(圖16-29)。

二、風土適應

圖 16-29　彩葉芋

　　天南星科觀葉植物均喜好高溫多濕，耐陰而不耐夏天陽光直射，栽培以半遮蔭為宜，冬天則可受陽光照射。生長適溫為 22°～25°C之間，低於 18°C生長遲緩，高於 35°C會有高溫障礙。

　　栽培土壤以排水良好的腐植質壤土為宜, 粗肋草亦常以水苔栽植。彩葉芋可用水苔混以蛇木屑種植。

三、品種

㈠粗肋草類

　　有粗肋草、白柄粗肋草、銀王粗肋草、銀后粗肋草、白斑粗肋草、箭羽粗肋草及亮葉粗肋草等。

㈡黛粉葉類

　　常見品種有夏雪、白玉、乳斑及綠玉等。

㈢彩葉芋

葉色可分全白、白底綠脈、粉底紅脈、透明鑲邊、綠底紅脈、紅底綠脈及斑點、鑲嵌等。

四、栽培管理

㈠繁殖

粗肋草及黛粉葉以行分株及扦插繁殖爲主，黛粉葉亦可行高壓繁殖，自春季至秋季均可繁殖。彩葉芋一般以塊莖繁殖，秋末掘起，至春季重新種植。

㈡管理

生長期應充分給水，至冬季低溫期則應控制水分。夏秋高溫期行遮蔭。生長期間可視發育狀況施用緩效肥料1次，施肥不可過多。

㈢病蟲害

蟲害以介殼蟲及紅蜘蛛爲主。

貳、葛鬱金類植物

一、概說

葛鬱金類植物又稱竹芋，爲葛鬱金科 (Marantaceae，亦稱竹芋科)中 Calathea 屬、Maranta 屬及 Ctenanthe 屬植物可供觀賞者之總稱，品種多達百餘種，原產於熱帶美洲及非洲，株高10～50公分，葉由地下根莖發出呈叢生狀，葉片呈橢圓形至披針形，全緣或呈波浪狀，葉面有各種顏色的斑紋，變化多端，是具極高觀賞價值的觀葉植物，性耐陰，適於盆栽，爲室內觀葉植物的上品。亦可庭植於半陰地

及供切葉。

二、風土適應

葛鬱金類植物性喜高溫多濕的氣候，生育溫度以 22°～28°C爲適，冬季低溫不得低於 6°～10°C，不耐乾燥及夏季日光直射，栽培處宜遮光 40～60%。栽培土質則以富含有機質之砂質壤土爲佳，需排水良好。

三、種類及品種

本省栽培的品種頗多，常見者有：

㈠**孔雀竹芋**（*Calathea makoyana*）

又叫五色葛鬱金，葉橢圓形，長 20～30 公分，寬約 10 公分，葉柄細長，葉身黃綠而沿主脈兩側有羽狀暗綠色斑塊，發出金屬光澤，形似孔雀羽毛而得名。英名 Peacock plant（圖 16-30）。

㈡**斑葉竹芋**（*C. zebrina*）

葉橢圓形，長 30～60 公分，寬 10～20 公分，葉面黃綠底沿中肋兩側支脈間有墨綠色斑塊，葉質感如絲絨。英名 Zebra plant。

㈢**箭羽竹芋**（*C. lancifolia*）

葉直立挺拔，披針形，長 30～40 公分，寬僅 4～5 公分，葉緣呈波浪狀，葉面綠底沿中肋兩側有墨綠色橢圓斑點，一長一短呈羽狀排列，葉背呈濃紫紅色，葉柄紅褐色。英名 Rattlesnake plant。

㈣**紅羽竹芋**（*C. ornata* cv. 'Roseo-lineata'）

葉橢圓披針形，長 20～30 公分，寬 5～10 公分，葉面濃綠有光澤，沿支脈有成對平行排列的粉紅色細線條，老葉線條漸轉白色，葉背暗紫紅色。英名 Pink-line calathea（圖 16-31）。

㈤**白竹芋**（*C. louisae*）

圖 16-30　孔雀竹芋

葉爲兩頭尖橢圓，長 20～30 公分，幅寬，葉緣略有起伏，葉面暗綠沿中肋兩側有灰綠色羽狀斑，葉背泛紫紅色，葉革質。英名 Slender calathea。

㈥紅脈豹紋竹芋(Maranta leuconeura var. erythroneura)

植株矮，葉呈倒卵形，葉面黃綠色底，側脈間有暗褐色塊斑，葉脈均呈玫瑰紅色，葉質薄，柄短。英名 Prayer plant。

㈦雙色竹芋(M. leuconeura var. kerchoviana)

植株低矮，橫向伸展，葉廣橢圓形，長 10～15 公分，寬 6～8 公分，葉面黃綠，在中肋兩側有褐色或暗綠色斑塊，葉背灰綠或有紅斑。又稱雙色葛鬱金，英名 Rabbit's tracks。

㈧紫背錦竹芋(Ctenanthe oppenheimiana cv. 'Quadoricolor')

由錦竹芋(cv. 'Tricolor')變異而來，葉長橢圓形，長約 30 公分，

圖 16-31　紅羽竹芋

寬約 5 公分，葉面墨綠底，沿葉脈有灰綠斑，而葉緣向內有乳白色不規則斑，葉背濃紫紅色。葉柄與葉片相接處呈略鼓起之關節狀，使葉白天平展，入夜後直立，可展現葉背鮮明的色彩，極為出色。英名Never-never plant。

四、栽培管理

㈠繁殖

在春季行分株繁殖，切取時宜能帶有 2～4 葉之根莖，則栽培較易成活。

㈡栽植

　　分株後上盆應用新土，需疏鬆富有機質而排水良好之壤土。室外應栽植於半陰場所。

　　㈢肥培管理

　　春季至夏季為生育旺期，應充分供給水分，空氣濕度高則生長旺盛，故室內盆栽應在盆底墊一水盤以供蒸發保濕。每1～2個月應施肥1次，用量不可過多，以施用有機肥料為佳，化肥亦可少量施用，增加氮肥比例有促進葉色美觀之效。

　　冬季低溫期應注意保溫禦寒避風，停止施肥，減少澆水，使呈半休眠狀態越冬。每1～2年應換盆換土1次，以春季進行為宜。生長擁擠時可趁機行分株。

叁、蕨類植物

一、概說

　　蕨類植物(Pteridophyta)是高等植物中較低等的隱花植物，在3～4億年前即生存於地球，且盛極一時，至三疊紀時大部分滅絕，遺體成為煤層。但現存種類仍多達12,000種，分布在世界各地，臺灣即有原生蕨類600餘種。

　　蕨類植物因種類繁多，形態各異，其高大者狀如大喬木，其矮小者卻形如小草，植株為由根、莖、葉組成的孢子體，其繁殖體則為在葉背孢子囊中產生的孢子，呈粉狀，肉眼不易看見，多呈黃褐色。在適宜的情形下會萌芽產生配子體，再由配子體產生的卵與精結合，才能萌發為孢子體。

　　蕨類植物中凡其植株姿態優雅，葉姿細緻柔美，葉形奇特脫俗，

足供庭植或盆栽觀賞者均屬蕨類觀葉植物。此類植物大多爲耐陰性，終年常綠，強健而易管理，可以庭植，可以作爲造園時應用在水池、假山、石壁等處之點綴植生材料，但目前仍以盆栽作爲室內綠化觀賞爲主，部分種類之葉片可供插花之用。

二、風土適應

目前園藝栽培的蕨類植物大多爲熱帶或亞熱帶地區，潮濕森林中的原生種改良而成，性喜高溫多濕，一般生育適溫約爲 18°～28°C，忌低溫，冬季需防風保暖。栽培處應遮蔭成半日照，忌強光直射及乾燥，空氣濕度高時生育旺盛。

栽培土壤以排水良好而疏鬆肥沃的腐植質土爲佳。盆栽介質可以細蛇木屑、泥炭土及水苔等調配而成。

三、種類

㈠鐵線蕨(*Adiandum raddianum* K. Presl)

株高約15～60公分，葉自地下莖抽生，葉柄黑亮如鐵線，葉爲2～4 出羽狀複葉，小葉扇形如銀杏葉，葉色青翠可愛，爲極優雅的室內盆栽植物，頗受消費者歡迎。常見之栽培種有細葉鐵線蕨、美葉鐵線蕨、密葉鐵線蕨、毛葉鐵線蕨、梯葉鐵線蕨等（圖 16-32）。

㈡臺灣山蘇花(*Asplenium nidus* L.)

爲附生性蕨類，葉叢生似鳥巢，自塊狀根莖抽生，放射狀排列，葉爲革質單葉，劍狀披針形或有羽裂，葉面富光澤，頗爲美觀。可盆栽或附植於蛇木板、柱上。葉片亦爲優良插花材料。常見栽培種尚有圓葉山蘇花、鋸齒山蘇花、皺葉山蘇花等。

㈢腎蕨(*Nephrolepis cordifolia* K. Presl)

圖 16-32　鐵線蕨

　　植株高約 30 公分，根莖直立，在匍匐莖的短枝上會生出塊莖。葉成簇叢生，羽狀複葉，具鋸齒，葉形變化頗多。宜盆栽、吊盆、切葉及庭園栽培。常見者有波士頓腎蕨、密葉波士頓腎蕨、細葉波士頓腎蕨、皺葉腎蕨、長葉腎蕨等。

　　㈣鹿角蕨(*Platycerium willinckii* T. Moore)

　　為附生性大型蕨類，葉有裸葉及孢子葉兩型，裸葉圓盾形或扇形，緊附在樹幹上，孢子葉懸垂成鹿角狀，被柔毛。可附木栽培，盆栽或吊盆。常見者有掌葉鹿角蕨、南洋鹿角蕨、長葉鹿角蕨、三角鹿角蕨等。

　　㈤杪欏(*Alsophila spinulosa* Wall.)

　　俗稱蛇木或筆筒樹，為臺灣原生植物，樹木狀，株高可達 6 公尺，葉片大，為三回羽狀裂葉，裂片披針形、短尖頭、有疏鋸齒。可作庭

園栽植，富原野風情。常見者有臺灣桫欏及蛇木桫欏。

　　㈥卷柏(*Selaginella tamariscina* (Beauv.) Spring)

　　直立性、高5～15公分，主莖上叢生小枝，呈扇形分叉，其上密生細小鱗片狀葉片，柔美可愛。常見者有珊瑚卷柏、細葉卷柏等。

四、栽培管理

㈠繁殖

　　除桫欏外，均可行分株繁殖，亦可行孢子繁殖，以春夏爲適期。孢子繁殖應選新鮮孢子播於水苔等介質上，溫度宜爲21°C左右。管理得宜可輕易獲得多量幼苗。

㈡栽植

　　盆栽介質一般均以細蛇木屑爲主，混以水苔或腐葉。附生栽培則可用蛇木板、蛇木柱或將水苔綁附大樹幹上栽植。庭植宜選富有機質的砂質壤土。

㈢肥培管理

　　臺灣自生的蕨類性質強健，只要環境適宜幾乎可以放任栽培。外來熱帶性種類則應注意冬季之保護，否則不易越冬。蕨類植物性喜高溫多濕，在排水良好的情形下澆水宜多，同時宜多施肥料，氮肥充足則葉色嬌嫩美觀，生長期可每月施用一次，有機肥及複合肥料等均可施用，但氮肥亦不可過多以免徒長。在冬季低溫期則應減少水分供應並停止施肥，氣溫低於10°C時應加保溫。植株在接近休眠狀況下較易越冬。夏秋高溫期除適當遮光40～60%外，並應保持通風良好，以免罹患病害。隨植株之成長，每年應換盆換土一次，並可同時行分株，除冬季外均可行之。

肆、變葉木

學名：*Codiaeum variegatum* Bl.

科名：大戟科 Euphorbiaceae

英名：Garden croton

一、概說

　　變葉木爲原產熱帶、亞熱帶亞洲及澳洲的常綠灌木或小喬木，株高 0.5～2 公尺，葉互生，葉形與葉色極富變化。爲重要的木本觀葉植物。適合庭園布置、道路美化、綠籬及盆栽。枝葉亦可作爲插花材料。但因其性好充足的陽光，不適宜作爲室內觀賞植物。在臺灣地區栽培極爲普遍，幾乎隨處可見（圖 16-33、16-34）。

二、風土適應

　　變葉木性好高溫多濕，生育適溫約爲 20°～35°C，冬季耐寒性較差，低於 15°C時即可能引起落葉，10°C以下會引致葉片凍傷。需要充足陽光，否則葉片變墨綠色而無法顯現其鮮艷的色彩。

　　變葉木性強健，對土壤之選擇不嚴，且頗乾旱，但仍以排水良好富有機質的肥沃砂質壤土最爲適宜，保持土壤潤濕有助其植株生長發育。

三、品種

　　變葉木約有原種 6 種，其變異種及栽培種有數百種之多，依葉形大略可分爲闊葉、細葉、長葉、角葉、戟葉、螺旋葉及母子葉等 7 類，

圖 16-33　　變葉木（Ⅰ）

葉色則爲紅、黃、綠等色之斑點、條紋變化。據估計引進本省之品種
約 80 餘種，其中較常見者有：流星變葉木、龜甲黃變葉木、彩霞變葉
木、撒金變葉木、仙戟變葉木、雉雞尾變葉木、砂子劍變葉木、嫦娥
綾變葉木等。

四、栽培管理

㈠繁殖

變葉木可用扦插或高壓法繁殖。扦插以春末至夏季爲適期，剪取
長 15～20 公分的中熟充實枝或頂梢，剪除大部葉片，洗淨切口乳汁或
待乾後插於砂土，保持濕潤，在 22°～26°C之適溫下約經 20～30 天可
發根。高壓法生長期均可行之，約 20～30 天可發根。

㈡栽植

圖 16-34　變葉木(Ⅱ)

　　在苗木發根旺盛時即可定植，植穴內應多施腐熟堆肥爲基肥。栽培處應排水良好，日照充足。

　⑸肥培管理

　　自春至夏爲變葉木之生長旺期，應充分給水以保土壤濕潤才能生長良好，並應注意施肥，三要素化學肥料及有機肥均可施用，氮肥充足可促葉色艷麗。冬季低溫期須避風保溫以免凍傷。植株老化或枝葉稀疏，可於3～4月間行強剪以促萌發新枝，一般整枝修剪亦應在春季進行。盆栽者亦應在此時換盆並更新培養土，放置光照良好處。

第五節　觀花植物

　　植物之花穗及花器其形狀美觀、色澤艷麗、姿態優雅或具有芬芳香氣，足供吾人欣賞、把玩，使人賞心悅目，可收怡情養性之效者，均爲觀花植物。

　　觀花植物之種類繁多，形態各異，故一般多依植物形態、生長習性及應用途徑等方向加以分類，以便研究及栽培應用，在本書第二章及本章中均已概略述及。觀花植物中之一、二年生草花、宿根草花及球根花卉已列入本章之前三節，而木本及蔓性觀花植物又將在六、七節中討論。故本節僅以平日生活中常見之盆栽觀花植物爲主要討論範圍，並可使與前節所述之觀葉植物作爲對應。

　　盆栽觀花植物通常又叫盆花植物，其所包含之範圍仍應遍及所有草本與木本之觀花植物，其中適合栽培在盆鉢之中，用來作環境美化、室內擺飾之用的觀花植物，即可稱爲盆花植物。目前在花市常見並較受消費大眾喜愛的種類有：瓜葉菊、麗格秋海棠、非洲堇、仙客來、大岩桐、聖誕紅、吊鐘花、長壽花、迷你玫瑰、水仙、風信子等等。

　　目前盆花栽培的介質大多以等體積的壤土、泥炭土及珍珠石混合而成。以泥炭土混以適當比例的其它材料亦可。進口的預混無土介質則質優價高，近來使用亦已相當普遍。

壹、瓜葉菊

學名：*Senecio cruentas* DC.

科名：菊科 Compositae

英名：Cineraria

別名：富貴菊

一、概說

瓜葉菊為原產在大西洋上臨近北非的加拿利群島的多年生草本花卉，目前在栽培上通常作一、二年生盆花利用。植株高約 10～20 公分，莖直立而短小，全株密被柔毛，葉寬大如五角形的瓜葉，表面粗糙。花莖自短莖的葉腋抽生，為簇生成傘房狀的頭狀花序，開放在葉叢之上，花色極為豐富，有紅、粉紅、白、黃、紫、藍之單色、雙色或鑲邊等。盆栽時植株滿布盆面，其上開滿花朵，美麗而熱鬧，極受大眾喜愛，在多春花期間市場之需求量極大，已成為年節前後最重要的盆栽花卉之一（圖 16-35）。

二、風土適應

瓜葉菊性喜涼爽的氣候，冬懼嚴寒而夏忌高溫，生長適溫在 10°～18°C，栽培期間夜溫不宜低於 5°C，白天不宜超過 20°C。在夏季炎熱地區畏烈日、忌淹水。在明亮的散射光或部分遮蔭下生長良好，生長期應保持空氣流通及適當的乾燥，一般在短日條件下能促進花芽分化，而長日照卻可促進花蕾的發育。

瓜葉菊喜栽培在排水良好而富有機質的砂質壤土。pH 值以 6.5～7.5 為宜。

三、類型及品種

瓜葉菊為異花授粉植物，易生變異，栽培品種極多，較難分類，

圖 16-35 瓜葉菊

大致可區分為:

　　㈠**大花型**(Grandiflora)

　　花大, 直徑在 4 公分以上, 有的可達 8～10 公分, 株高約 30 公分, 花密集, 花色從白到深紅、暗紫及藍色、鑲邊。

　　㈡**星花型**(Stellata)

　　花小, 徑約 2 公分, 植株高而疏散, 葉小, 一株開花約 120 朵, 花瓣細短, 花色有紅、粉紅到紫紅等單色及鑲邊。生長強健、切花用。

現亦育有矮性種。

㈢中間型(Intermedia)

花徑約3.5公分，株高約40公分，多花性，宜盆栽。

㈣多花型(Multiflora)

花小型，一株開花可多達四、五百朵，株高約25～30公分，花色豐富。現已有與大花型品種雜交產生的大花多花性品種。

亦有以花徑來分類的：巨大型花徑10公分以上，大型8～10公分，中型6～8公分，小型2公分。另有依早中晚生分類者。

四、栽培管理

㈠繁殖

以播種繁殖為主，種子小，播種介質宜細，本省多在8～10月播種，播後約22～28週可開花。播種溫度以21℃為宜，保持濕潤，約10～14天發芽。重瓣品種亦可取側枝長6～8公分摘去基部大葉扦插，約20～30天可生根。

㈡栽植

播種苗在兩片本葉時先假植1次，施稀薄肥料以促發細根，待有5～6片本葉時定植於花盆。

㈢肥培管理

上盆後約有6～7片本葉即可施稀薄肥料以促植株發育，但不宜施肥過多以免引致徒長，追肥以每2週施用1次為原則，至花芽分化前2週停止施肥並減少澆水。生育期間應每日澆水，使土壤保持均勻濕潤，過濕則易引致莖腐病。花芽分化前稍乾燥有提高著花率之效。

栽培期中應注意時常調整盆距及轉盆，有利透光及通風，亦可預防植株發育不正。如施用植物矮化劑則可控制株高，但會延遲開花。

㈣病蟲害

蟲害以蚜蟲、薊馬、紅蜘蛛等為主。病害則有莖腐病及萎凋病等，高溫多濕時亦會發生白粉病。

㈤採種

瓜葉菊可選優良母株，在雌雄蕊未成熟時套袋，成熟以授粉株花粉人工授粉，以上午 10 時至下午 2 時之效果較佳，可隔天再授粉 1 次，至子房膨大後去袋，從授粉至種子成熟約需 40～60 天。

貳、非洲菫

學名：*Saintpaulia ionantha* H. Wendl.

科名：苦苣苔科 Gesneriaceae

英名：African violet, Saintpaulia

別名：非洲紫羅蘭

一、概說

非洲菫為原產非洲東部的多年生草本植物，株高僅約 8～12 公分，直徑約 20～30 公分，莖葉肥厚而密生毛茸，葉圓形至心形、匙形，變化頗多，具長葉柄、脆而易斷，互生在短莖上呈輪生狀，全株呈扁平的碟狀。栽培品種全年均能開花，以秋季至春季較盛。花為腋生，花梗細長，伸出至葉片之上，為聚繖花序，每一花莖有花 3～8 朵。花形有單瓣、半重瓣、重瓣、平瓣、皺瓣之分。花色有紅、粉紅、紫紅、淺紫、紫藍、白、淺綠等單色及鑲邊、條紋、斑點、層漸等複色，變化極多，花徑大小亦有不同。目前栽培品種大多為雜交種。

　　非洲菫植株矮小，花色嬌美，耐陰性強，在室內可以生長開花，管理容易，極適合作小型盆栽，在臺灣目前已有大規模專業栽培生產供應市場，頗受消費者之歡迎（圖16-36）。

二、風土適應

　　非洲菫性喜溫暖濕潤及半蔭的環境，生育適溫為18°～26°C，夏季忌強光及高溫，溫度宜保持在30°C以下，並需通風良好，亦忌積水。冬季溫度不宜低於10°C，最好能維持在15°C以上。

　　非洲菫宜栽植於疏鬆肥沃、排水良好的腐植質壤土，土壤pH值以6.8～7.2為宜。

圖 16-36　非洲菫

三、類型及品種

目前栽培品種多達千種以上，大多為原生種非洲菫 *(S. ionantha)* 與東非紫苣苔 *(S. confusa)* 雜交選育而成。可依花形、花色、花徑大小來分類。亦有依葉形或花期來分類者。

常見者如：

Diana：紫花單瓣種

Kansas：深紅單瓣種

Pink Miracle：粉紅色單瓣種

Fuchsia Red：粉紅色重瓣種

四、栽培管理

㈠繁殖

非洲菫可以播種、分株及葉插等方法繁殖。大量繁殖時可在春秋兩季播種，因種子細小好光，介質以細蛇木屑等為佳，不必覆土，保持濕潤，在 20°～25°C 約 15～20 天發芽，從播種至開花約需 180～250 天，在臺灣很少採用。臺灣業者大多採葉插繁殖，因其操作簡單而成長速度快。一般採帶 2～3 公分葉柄的成熟葉，將葉柄插入插床至葉片基部，置於半蔭通風處並保持濕潤，約經 1 個月葉柄切口即可發根，再經 1～2 個月可長出多數幼苗，發根溫度以 20°～25°C 最為適宜，快者 20 天生根，從扦插到開花僅需時 4～6 個月。分株法可在春季換盆時進行。組織培養亦常用以大量繁殖。

㈡栽植

非洲菫以盆栽為主，因植株矮小宜於 3～4 寸盆，大盆反而不美觀。培養土以排水、通氣良好、疏鬆、肥沃為原則，並添加少量長效化肥，

如魔肥、臺肥長效肥料等。亦有單獨以細蛇木屑或腐葉土爲栽培介質者。定植時勿使葉片接觸盆緣可防葉腐。

㈢肥培管理

栽培地點應遮蔭及通風良好，充足供水，並維持空氣濕度在50～80％，但盆土不可長期過分潮濕，否則極易引致根部腐爛。冬季低溫時要避風並保持溫暖，並減少澆水，暫停施肥。

生育期間應每7～11天追肥1次，最好用稀薄的三要素液肥，如花寶2，3號、臺肥速效1，3號等均宜施用。

盆栽經長期栽培後，其葉腋會萌發多數側芽，使盆面過分擁擠而影響開花，應在春季時行分株或及時將側芽摘除，使其恢復正常生長。

遮蔭過度或氮肥過多會引致葉片徒長，反之，葉片枯黃常因氮肥不足或光照太強所致。

㈣病蟲害

蟲害以粉介殼蟲、紅蜘蛛及線蟲爲主。病害則有莖腐病、白絹病及灰黴病等。

叁、仙克來

學名：*Cyclamen persicum* Mill.

科名：報春花科 Primulaceae

英名：Florist's cyclamen

別名：一品冠、仙客來、兎子花

一、概說

仙克來爲原產地中海東北岸森林地帶的多年生球根花卉，地下部

有扁圓形的塊莖，株高 10～30 公分，葉由基部簇生在短莖上，呈心形或卵形，葉緣有鈍鋸齒，葉面有銀灰色的美麗斑紋。花梗由葉腋抽出，花大型、單生而下垂，花瓣 5 枚、開花時花瓣向上反捲而扭曲，花姿華貴幽雅，狀似振翅欲飛的小鳥，花色有紫紅、緋紅、大紅、粉紅、白等單色及鑲邊、絞斑等複色。花型又有大輪、小輪及迷你仙克來之分，為春節期間高級的盆花（圖 16-37、16-38）。

二、風土適應

仙克來性喜冷涼、濕潤及陽光充足的環境，生長適溫約在 18°～22°C，10°C 以下花易凋謝而花色暗淡，氣溫到達 30°C 植株進入休眠。在臺灣平地高溫多濕，不易越夏。因溫度超過 35°C 時植株會腐爛而死亡。盆花觀賞後只好廢棄。

圖 16-37　仙克來

圖 16-38　仙克來形貌

仙克來是日照中性植物，花芽分化受溫度影響，其適溫為 15°～18°C。

仙克來宜栽植於疏鬆、肥沃、排水良好而富有機質的砂質壤土，土壤 pH 值以 6 左右為宜。

三、類型及品種

主要變種有大花仙克來*(var. giganteum* Hort.)及暗紅仙克來*(var. splendens* Hort.)

依花型可分為：

㈠**大花型**(giganteum)

花大而花瓣平伸，全緣，開花時瓣反捲，葉緣鋸齒淺或不顯著。有單瓣、複瓣、重瓣、銀葉、鑲邊及芳香等品種。

㈡**平瓣型**(papilio)

花瓣較窄而平展，邊緣具細缺刻和波皺，花蕾尖，葉有顯著鋸齒。

㈢**洛可可型**(Rococo)

瓣緣細缺刻及波皺，花呈下垂半開狀、花瓣寬、香味濃、葉緣鋸齒顯著。

㈣**皺邊型**(Ruffled)

花大，緣有細缺刻和波皺，開花時瓣反捲。

㈤重瓣型 (flore pleno)

花瓣 10 枚以上，不反捲，瓣稍短。

四、栽培管理

㈠繁殖

以播種為主，9～10 月為適期，在 15°～20°C 及日照 40～60%，保持濕度，約 40～50 天發芽，待有本葉 4～5 枚時上盆，自播種至開花約需時 13～15 個月。在溫帶地區行溫室栽培，幼苗在夏季高溫期生長雖然緩慢，但並不落葉休眠，從播種到開花僅需時 11～12 個月，早花品種更只需 9～10 個月時間。

仙克來的優良品種常因結實不良而行塊莖分割繁殖，一般秋季行之，每塊須帶有芽眼。此法管理困難易腐，株形較差且開花少，實際應用較少。

此外帶芽葉插及割球使生不定芽等方法雖可行，但亦少應用。組織培養塊莖則為國外繁殖健康苗常用的方法。

㈡栽植

栽培用培養土之調製頗為重要，須疏鬆、透氣及富含有機質，有機肥應充分腐熟，使用前宜行高溫消毒。幼苗宜先植於 5 公分盆，經 2～3 月後移植 10 公分盆，再經 2～3 月定植於 15～20 公分盆，種時切勿將球根深埋，應留 1/3 露出土面為宜。

㈢肥培管理

栽培期間應每日適量澆水，不可過濕及澆及花葉，否則易腐。生育期應每月施稀薄肥液 2～3 次，如豆餅水或複合肥料均可，但不可觸及葉面或球根。

氣溫 25°C 以上應設法降溫，10°C 以下則應防寒。遮蔭度約 40～50%，忌露天雨淋及烈日曝晒。夏季應保持通風良好可防軟腐病。

㈣病蟲害

蟲害以蚜蟲及紅蜘蛛為主。病害有軟腐病、炭疽病、萎凋病及灰黴病等。偶亦有孢囊線蟲發生。

肆、聖誕紅

學名：*Euphorbia pulcherrima* Willd.

科名：大戟科 Euphorbiaceae

英名：Poisettia, Common poisettia

別名：一品紅、猩猩木、象牙紅、向陽紅

一、概說

聖誕紅為原產於墨西哥的多年生落葉性小灌木，株高 0.5～4 公尺，老莖木質，黃褐色而中空，嫩莖為鮮綠色草質，葉為有稜的卵圓盾狀形，葉脈明顯。花序頂生，為聚繖狀的大戟花序，各花序有一球狀蜜槽，雌雄同株異花，無花被。具有觀賞價值的為花序下方的叢生苞葉，為全緣的披針形或橢圓形，開花時呈猩紅色，即一般所稱的花，高性種苞葉較狹長，矮性種較短闊，除紅色外尚有粉紅、淡紅、黃、白等色的單瓣及重瓣品種。花期為 11～4 月，開放時極為亮麗，為聖誕節及新年間最佳的應景花木。高性品種適合庭園栽培，矮性品種宜於盆栽，近年來聖誕紅已成為臺灣盆花市場中需求量最大的種類之一（圖 16-39）。

二、風土適應

聖誕紅性喜溫暖濕潤及陽光充足的環境，生育適溫約 20°～28°C，花芽分化適溫爲 16°～21°C，低於 15°C 會延遲花芽分化。因其爲短日性植物，宜在日照 10 小時左右，溫度 18°C 以上的環境下開花。低於 13°C 之溫度易引致葉片黃化脫落。在臺灣夏季高溫烈日下應行適度遮蔭並增加空氣濕度，以防葉片捲曲脫落。

聖誕紅對土壤要求不苛，但以微酸性的肥沃砂質壤土最爲適宜，pH 值以 5.5～6.5 爲適。

三、品種

聖誕紅除原有紅色單瓣系統外，主要變種有：

圖 16-39　聖誕紅

㈠**白苞聖誕紅**(var. alba Hort.)

苞葉白色，又稱聖誕白。

㈡**粉紅聖誕紅**(var. rosea Hort.)

苞葉呈粉紅色。

㈢**重瓣聖誕紅**(var. plenissima Hort.)

重瓣紅色，頗具觀賞價值，開花期較晚，耐寒性較差。

美國近年育成的二倍體及四倍體優良品種頗多，在臺灣栽培的品種大多亦由美國引進，盆栽種栽培較多的有安妮、V-14、安琪、大禧等，最近有 Peterstar, Freedom 等品種試種成功，可能又會造成市場的改變。目前 V-14、安妮等種已漸衰退，安琪之花期正好配合聖誕節，約有 2～3 成的市場佔有率，大禧爲早生種，有 6～7 成市場佔有率。Peterstar 之花期在大禧與安琪之間，盆栽分枝旺盛而整齊，可望很快在市場會佔有一定的比率。

四、栽培管理

㈠**繁殖**

重瓣及四倍體品種以行高壓繁殖爲主。一般品種均採扦插繁殖，扦插適期在 3～8 月，高性種可採二年生枝條扦插，矮性盆栽品種則採長約 10 公分的頂梢扦插，約 2～3 週可發根。若預定在新年前後出售的盆栽美國種聖誕紅，則應在 6～9 月扦插，介質溫度以 23°～27°C爲宜，經發根劑處理者約 2 週即開始發根，3～4 週即可上盆，成活後留 4～5 片完全展開的葉片摘心，使生 3～5 分枝。

㈡**栽植**

高性種作庭園栽植處宜有充足陽光。矮性品種性喜陰涼，忌強烈日照，宜遮蔭 30～40%。

㈢肥培管理

高性品種庭園栽培大多在 3 月扦插，則應在 6 月及 9 月修剪，促生適當數目的分枝。盆栽矮性種在上盆後不久即摘心使生 3～5 分枝，並宜配合矮化劑之使用以增進商品價值。生育期間應充分澆水，勿使乾燥。肥料以基肥為重，應以緩效肥料或有機肥為基肥，生育期間則宜每 1～2 個月施追肥 1 次。盆栽聖誕紅生長快速，宜以速效肥料少量每週施用，後期應以磷鉀肥為重。為控制花期，在 18°～20°C溫度下，控制光照在 8～9 小時，約 50 天左右可以開花。臺灣在 10 月中即開始進入短日期，在自然情況下約在 11 月下旬至 12 月中旬開花。遮光控制光照則可達周年生產盆花之目的。盆栽生育期間宜給與適當空間才能生長旺盛，開花良好，否則枝條細弱徒長，影響盆花品質。

聖誕紅在每年花謝後及 6、9 月應作適當修剪，有助其恢復生長及增加分枝，使其能繼續正常開花。

㈣病蟲害

蟲害以粉蝨較為嚴重，病害則有疫病、苗立枯病、潰瘍病、苗核病及灰黴病等。

第六節　觀賞樹木

木本植物中不論其爲喬木、灌木或藤本，凡可供庭園、公園、風景區、都市及道路等景觀栽植，具有觀賞、美化環境、境界、隱蔽、防止災害等功能者，均可稱爲觀賞樹木。如庭園樹木、花木、綠籬、行道樹及盆景等均屬之（圖 16-40、16-41）。

觀賞樹木種類繁多，用途各異，有關造園利用部分在第十七章中敍述。

本省常見之觀賞樹木：

㈠喬木類

指植株高大而有明顯主幹者。有榕樹、樟樹、橡膠樹、木棉、南

圖 16-40　經修剪之龍柏

圖 16-41　庭園整形樹

洋杉、鳳凰木、羅漢松、羊蹄甲、阿勃勒、黃槐、櫻花、梅花、玉蘭、茄冬、龍柏、椰子類等。

㈡**灌木類**

指植株矮小，主幹不明顯，分枝多而低者。有玫瑰花、聖誕紅、杜鵑、茶花、威氏鐵莧、變葉木、仙丹花、朱槿、月桔、梔子花、六月雪、黃楊、青紫木等。

㈢**藤本類**

指主幹無法直立生長而呈蔓性者。有九重葛、軟枝黃蟬、使君子、紫藤、蒜香藤、凌宵花等。

壹、羊蹄甲

　　學名：*Bauhinia variegata* L.

　　科名：蘇木科 Caesalpiniaceae

　　英名：Orchid-tree

　　別名：蘭花樹

一、概說

　　羊蹄甲是原產我國、印度的落葉喬木、株高約 4～6 公尺，枝直立，分枝多而著葉較疏、葉互生、革質腎形，葉片由頂端深裂至葉基，裂片鈍而寬，即是所謂的羊蹄葉。花爲總狀花序，大多著生在枝梢頂端，花冠濃桃紅色帶紫色條紋，形如蘭花，在春季先葉而綻放，盛開時全株花多而葉少，但見滿樹姹紫嫣紅、艷麗而芳香，是極爲優良的庭園樹木，在臺灣中南部栽培頗爲普遍。而羊蹄甲類之種類頗多，花形及花色亦頗多變化，且除羊蹄甲爲春季開花外，其他各種大多爲夏秋開花，都是良好的庭園樹或行道樹。其中紅花羊蹄甲尙適作盆栽（圖16-42）。

二、風土適應

　　羊蹄甲性喜高溫多濕的氣候，生長適宜溫度約 22°～30°C，頗爲耐旱耐熱，少病蟲害而抗污染。需要充足陽光。對土壤選擇不苛，以排水良好而富有機質的砂質壤土最佳。

三、種類

　　除羊蹄甲外本省常見的羊蹄甲類植物有：

圖 16-42　羊蹄甲

㈠**紫羊蹄甲**(Bauhinia purpurea L.)

又名洋紫荊，爲株高 4～6 公尺的小喬木，枝梢下垂，葉互生，羊蹄葉形而較羊蹄甲大，總狀花序，花冠淡紫色，秋季開花。

㈡**香港羊蹄甲**(Bauhinia blakeana Dunn.)

又名艷紫荊或香港蘭花樹。爲高約 3～5 公尺的常綠小喬木，幹常彎曲或平出，生長迅速，葉互生，羊蹄葉形，甚寬大，冬至春季開花，花期持久，花大美艷，花冠濃紫紅色，適作庭園觀花樹。

㈢**粉白羊蹄甲**(Bauhinia purpurea cv. 'Alba')

爲紫羊蹄甲的變種，植株性狀相似，花色初期爲粉紅，後轉爲粉白，花期較晚，爲 9～12 月間。

㈣**黃花羊蹄甲**（Bauhinia tomentosa L.)

落葉灌木、株高約 2～3 公尺，葉互生，羊蹄葉。花冠黃色，喉部

紅褐色，常含苞而不展開，花期由秋季至春季。

㈤紅花羊蹄甲(Bauhinia galpinii N. E. Brown)

常綠灌木、株高 0.5～1.5 公尺，植株生育緩慢，花冠紅橙色，花期夏至秋季，適於盆栽或庭園叢植、列植。

四、栽培管理

㈠繁殖

均可採播種繁殖，播種期以春季為宜。發芽溫度以 20°～25°C為宜，種子宜先浸水半天可促發芽。紅花羊蹄甲亦可以高壓或扦插繁殖。

㈡栽植

播種苗高達 30 公分時應行假植於苗圃，待株高約 1 公尺時行定植。植穴內宜施腐熟堆肥為基肥。

㈢肥培管理

羊蹄甲類植物生性強健，栽植後只要光照充足，生育旺期充分給水，每 2～3 個月施用肥料 1 次，即可發育良好。

紫羊蹄甲、粉白羊蹄甲及黃花羊蹄甲等應在冬季落葉後至萌發新葉前行整枝修剪，以維持樹姿之美觀及促進枝葉茂盛、開花良好。羊蹄甲及紅花羊蹄甲則應在花期後修剪，以促使萌發健壯新枝。老化之植株亦可行強剪以刺激其萌生強壯枝條，恢復樹勢。

貳、椰子類

一、概說

椰子類植物屬棕櫚科(Palmae)，種類繁多，分布世界各地，大多

為莖幹單生或叢生的常綠喬木或灌木，莖通常呈圓柱形而無分枝，葉則簇生於莖頂，有羽狀複葉、掌狀複葉或為掌狀裂葉，裂片以披針形及線形為主。全緣或具鋸齒。花有雌雄同性、異株、同花或異花等不同。果實形態亦差異甚大。

椰子類植物因形態特殊，不同種類之形態又極富變化，有的雄壯挺拔，有的嬌小可愛，是臺灣地區最常見的一類觀賞樹木，大多作為庭園樹及行道樹栽培，部分亦可作為盆栽觀賞。

二、風土適應

椰子類植物因原產地之不同而有不同的風土適應，但在臺灣用為觀賞樹木者，均應可以適應本地的氣候環境。椰子類通常性喜高溫多濕而日照充足的環境，生育適溫約 20°～28°C。但亦有部分為耐陰植物，如棕竹類、袖珍椰子等，應加適當遮蔭。大多數的椰子類植物均不耐寒。

椰子類宜栽培於排水良好而富有機質的壤土或砂質壤土。忌積水。

三、種類

㈠亞力山大椰子(*Archontophenix alexandrae Wendl et Drude.*)

株高 20～25 公尺，細直單幹，表面呈灰白色，葉為羽狀複葉，小葉呈線狀披針形。具黃白色肉穗花序。英名 Alexandra palm。原產澳洲昆士蘭。

㈡叢立孔雀椰子(*Caryota mitis Lour.*)

英名 Burmese fishtail palm，原產亞洲南部。植株高約 5～7 公尺，幹叢生，二出羽狀複葉，小葉呈魚鰭狀，先端不整。花序下垂，

果球形。

㈢黃椰子(*Chrysalidocarpus lutescens* wendl.)

英名 Yellow palm, 為原產馬達加斯加的叢生椰子, 株高 3～8 公尺, 羽狀複葉, 小葉線形。在臺灣庭園中栽培極為普遍 (圖 16-43)。

㈣大王椰子(*Roystonea regia* O. F. Cook)

英名 Cuban Royal palm, 原產巴拿馬、古巴一帶。單幹粗大, 高約 15～20 公尺, 羽狀複葉, 小葉長披針形。果為闊卵形。大王椰子高大壯觀, 幹表面平滑, 環紋明顯, 是臺灣常見的行道樹及庭園樹。

㈤酒瓶椰子(*Hyophorbe lagenicaulis* H. E. Moore)

英名 Bottle palm, 為原產模里西斯的單幹椰子, 其幹肥矮似酒瓶狀, 生長緩慢, 高僅 1～2.5 公尺, 羽狀複葉, 小葉線狀披針形。漿果黑褐色, 橢圓形。酒瓶椰子壽命長達數十年, 是良好的庭園觀賞樹

圖 16-43　黃椰子

木（圖16-44）。

㈥棍棒椰子(*Hyophorbe verschaffeltii* H. Wendl.)

英名 Spindle　palm，原產馬斯加里尼島。單幹，株高約5～9公尺,幹之上部稍膨大，狀似棍棒。羽狀複葉，小葉劍形。漿果長橢圓形。為臺灣常見的庭園樹木。

㈦蒲葵(*Livistona chinensis* R. Br. ex Mart.)

英名 Chinese fan palm，原產中國大陸。株高約10～20公尺，單幹，葉為圓扇形具掌狀中裂，而裂片先端又有二淺裂，軟垂，葉柄三角形而兩側有逆刺。小花淡黃色，肉穗花序。果橢圓形、成熟時黑褐色。在臺灣普遍作行道樹及庭園樹栽培。

圖 16-44　酒瓶椰子

㈧**觀音棕竹**(*Rhapis excelsa* Henry ex Rehd.)

英名 Bamboo palm，原產我國大陸南部。株高約 1.5～3 公尺，叢生，雌雄異株。葉掌狀有深裂，裂片 3～7 枚，呈狹長舌狀，葉柄細長，葉鞘基部有黑褐色網狀纖細包被。漿果圓形紅色。棕竹類均頗耐陰，除觀音棕竹常作庭園栽植外，其他如斑葉觀音棕竹、細棕竹、斑葉細棕竹等均常作爲盆栽，在臺灣栽培頗爲普遍。

㈨**羅比親王海棗**(*Phoenix roebelenii* O'Brien)

英名 Miniature Date palm ，原產中南半島及印度。植株單幹，高約 2～4 公尺，幹細長而具突起狀葉痕。羽狀複葉，小葉爲線狀披針形，雌雄異株，腋生肉穗花序，每穗可結果數百粒，黑褐色，卵狀。較耐陰，在臺灣栽培普遍，常作爲行道樹及庭園樹，臺灣引進的海棗類植物種類頗多，亦有本地原產的臺灣海棗。

㈩**袖珍椰子**(*Chamaedorea elegans* Mart.)

英名 Parlor palm，原產墨西哥。株高 30～120 公分，單幹，羽狀複葉，花序直立腋生，雌雄異株。性耐陰，株形小巧，爲高雅的盆栽植物。同類尚有玲瓏椰子等均爲高級室內盆栽觀賞植物。

四、栽培管理

㈠繁殖

單幹椰子一般採播種繁殖，將成熟種子播於砂床，在 22°～28°C之適溫下保持濕度，約經 1～6 個月可發芽。叢生性椰子類則除播種外，尚可行分株繁殖。

㈡栽植

播種苗經 2～3 次假植並肥培管理後才可行定植。大型椰子應在苗充分成長後才可定植於露地，定植時植穴宜大，先施用有機基肥後栽

植，移植時之操作應特別小心，不可傷及頂芽或折傷，否則恢復困難。
臺灣大多在 4 月清明後移植，不宜過早。

　　㈢**肥培管理**

　　椰子類在幼苗期及移植後未成活前較需妥善照顧，成長後大多粗
壯健康，不需特別管理。移植時期遇寒流來襲時應加保溫。春夏間生
育旺盛期宜充分供水。生長期可每 1～2 個月施肥 1 次，複合肥料及有
機肥料均可使用。莖幹下部之老化葉片應適時剪除，不僅可增加其觀
賞性，亦有促進迅速向上生長之效。

　　　　叁、杜鵑花類

　　學名：*Rhododendron* spp.

　　科名：杜鵑花科 Ericaceae

　　英名：Azalea, Rhododendron

　　別名：滿山紅、躑躅、映山紅、應春花

一、概說

　　杜鵑屬植物原生地遍及北半球各地，爲常綠或落葉灌木，高 1～5
公尺。葉互生，橢圓形至披針形，全緣，大小、厚薄等變化頗大。花
大多頂生，總狀花序，花冠形狀變化頗多，常見者有漏斗狀、鐘狀、
管狀、盤狀等，花形有單瓣、重瓣之分，花色有白、青白、黃、粉紅、
紅、紫等單色及鑲邊、斑點等複色。果爲蒴果。

　　杜鵑花品種極多，花姿、花形及花色千變萬化，主要應用在庭園
栽植及作爲盆栽或盆景。在臺灣中北部無論是公園、路旁、學校或風

景區內幾乎均可見其蹤跡（圖16-45、16-46）。

二、風土適應

　　杜鵑因原生地之不同，其風土適應亦稍有不同。一般性喜陰涼濕潤的氣候，在臺灣之北部全日照或半日照均可栽培，中南部夏季之強烈日照下則應遮蔭30～50％。生育溫度以15°～25°C爲宜，但花芽卻須在18°～25°C之高溫下分化形成。

　　杜鵑性喜排水良好、富含有機質的酸性砂質壤土，忌鹼性石灰質及粘性土壤。

三、種類

　　杜鵑品種極多，據估計不下萬餘種，臺灣地區亦有頗多原生種如

圖 16-45　　杜鵑（Ⅰ）

圖 16-46　杜鵑(Ⅱ)

臺灣杜鵑（*R. formosanum)*、烏來杜鵑（*R. kanechirai)*、紅心杜鵑*(R. hyperythrum)*、大屯杜鵑*(R.longiperulalum)*等，目前栽培品種則以下列四類為主。

㈠平戶杜鵑(Rhododendron mucronatum G. Don)

常綠灌木，高2～3公尺，葉橢圓形，互生，葉面具褐毛，花頂生、總狀，花色有白、粉紅、桃紅、橙紅、紅、淡紫等。此類杜鵑樹勢強健、分枝粗大、較耐高溫，在臺灣北部生育佳，中南部則宜稍有遮蔭。生育適溫為 20°～28°C。

㈡久留米杜鵑(Rhododendron obtusum Planch.)

常綠或落葉灌木，樹形直立矮小，枝葉纖細，葉質厚而具光澤，開花密集，花徑僅3～4公分。花色有白、紅、紫等及中間色。品種頗多，性喜溫暖，生育適溫約 15°～25°C，在臺灣中南部夏秋應求通風蔭

涼，花期爲 3～4 月。

㈢皐月杜鵑(*Rhododendron indicum* Sweet)

又叫五月杜鵑，爲植株低矮的常綠灌木，小枝密生呈叢生狀，花形花色變化多端，同株可出現不同花色，一朵花亦有不同色彩花紋的變化，極適合作盆景栽培。生育適溫約 15°～26°C，花期約 5～6 月。臺灣中南部夏秋稍加遮蔭通風即可。頗耐高熱。

㈣西洋杜鵑(*Rhododendron simsii hybridum* Plan)

爲植株低矮的常綠灌木,盆栽高度僅 15～50 公分。葉互生或簇生，長橢圓形，葉面有白色軟毛。花形富變化，有單瓣、半重瓣及重瓣之分，花色主要爲紅與白之間的變化，單色、複花均有，花期最長，四季均能開花。目前栽培者主由比利時及美國引進、性喜冷涼，生育適溫約 15°～21°C，臺灣夏季高溫多濕，越夏不易。低溫不足則開花較不整齊。

四、栽培管理

㈠繁殖

杜鵑一般以扦插法繁殖，在生長旺季均可行之，以 5～7 月最佳，剪取當年生已半木質之枝梢，長約 10 公分，插於濕潤插床經 1～2 個月即可發根成苗。播種、壓條及嫁接法亦可應用，嫁接多採切接法或腹接法於春季行之。

㈡栽植

扦插生根之幼苗宜先行假植於苗圃，經 1 年後定植。栽培地宜濕潤冷涼，排水及通氣性力求良好，保水力強而不滯水。但因杜鵑根系淺而多鬚根，不宜深植。栽植前宜施腐熟堆肥爲基肥。杜鵑花有忌地現象，不宜長期連續栽培生產。

㈢肥培管理

杜鵑性喜濕潤，生育期應充分給水，但盆栽在開花時期澆水不可直接澆在花上，以免影響花期之持續。

臺灣夏季高溫期應遮光 30～50%，秋季以後則應增加日照以促花芽之成長。杜鵑爲短日性植物，遮光可促進花芽分化，盆栽的西洋杜鵑常利用遮光及低溫處理來調節花期。

杜鵑之整枝修剪應在花謝後立即進行，首先摘除殘花，再行摘心 2～3 次以促分枝並抑制徒長、維持樹姿。如有徒長枝則應由基部剪除。杜鵑花謝後約經 1～2 個月即開始花芽分化，故七月後至開花期不可修剪，太遲修剪會剪去花芽，使來年無花可賞。

杜鵑施肥以少量多施爲原則，以施用腐熟豆餅水等有機肥最佳，化學肥料最忌濃度過高。盆栽杜鵑在換盆時需適度修剪根系，故須經約 2～3 週後根系恢復生長時才能施肥。一般 4～7 月爲生育旺期，應以氮肥爲重，7～9 月則以磷鉀爲主，氮肥爲輔，其他月份可不必施肥。

㈣病蟲害

杜鵑生育強健，甚少發生病蟲害。盆栽及西洋杜鵑則常因管理不當或環境不適而發生病蟲。蟲害常見者有蚜蟲、紅蜘蛛及粉介殼蟲。病害則有葉腐病、菌核病、斑點病、炭疽病及灰黴病等。

肆、朱槿

學名：*Hibiscus rosa-sinensis* L.

科名：錦葵科 Malvaceae

英名：Rose mallow

別名：扶桑、佛桑、大紅花、照殿紅

一、概說

朱槿是原產我國南部的常綠灌木，株高1～3公尺，分枝多，葉互生、廣卵形，長4～9公分，寬3～5公分，葉緣有鋸齒，葉濃綠色而有光澤。花為腋生單花，花瓣5，大型而邊緣呈波狀，雌蕊1枚、雄蕊多枚合成一體突出花冠之外。栽培種花型有單瓣與重瓣，花色變化極多，有白、黃、橙、紅、粉紅、紫紅等深淺不同之單色外，尚有斑紋、鑲邊、斑點等複色，盛花時五彩繽紛，艷麗可愛，在臺灣枝葉四季常綠，周年均能開花，且生性強健，耐熱耐旱，不需特殊照顧即能開花良好，實為不可多得的大眾化觀賞樹木，不僅適於庭園美化栽植，亦可作為綠籬及盆栽（圖16-47）。

二、風土適應

朱槿性喜高溫，生育溫度以22°～30°C為適，需要日照良好及充足的水分，但耐旱力頗強，蔭蔽則開花不良。

朱槿對土質要求不苛，但仍以排水良好、肥沃的壤土或砂質壤土最為適宜。

三、種類及品種

㈠朱槿

臺灣引進之品種甚多，常見者有

1.白扶桑(cv. Albus)：純白色、單瓣、花瓣稍反捲。

2.黃扶桑(cv. Flavus)：純鮮黃色、單瓣、瓣平展。

3.醉紅扶桑(cv. Cardinal)：艷紅色、單瓣、瓣寬。

圖 16-47　朱槿

4.橙紅扶桑(cv. Birma)：橙紅色、寬單瓣。

5.瑰紅扶桑(cv. Rosalie)：玫瑰紅色、寬單瓣。

6.粉紅扶桑(cv. Kermesinus)：粉紅色、單瓣。

7.金球扶桑(cv. Flavo-Plenus)：深黃色、重瓣。

8.玉球扶桑(cv. Albo-Plenus)：乳白色、重瓣。

9.粉團扶桑(cv. Kermesino-Plenus)：深粉紅色、重瓣。

㈡裂瓣朱槿(*Hibisus schizopetalus* Hook.)

又名燈仔花，燈籠花，原產非洲。花瓣細裂反捲，雄蕊細長下垂，形似吊燈，全年開花。

㈢南美朱槿 (*Malvaviscus arboreus* Cav.)

原產巴西、墨西哥一帶。株高 1～2 公尺，花瓣略左旋，不展開而呈含苞狀，鮮紅色，全年開花。

㈣雜交朱槿

引進品種頗多，如宮粉扶桑(Hawaiian sky)、金娘扶桑(Golden girl)、鮭黃扶桑 (Dr. Steuart)、美人扶桑 (Fluffy ruffle)、錦球扶桑(Kapiolani)、重粉扶桑(Annelie)、月光扶桑 (Moon glow)等。

四、栽培管理

㈠繁殖

朱槿、裂瓣朱槿及南美朱槿等均可以扦插法繁殖，剪取長約 15 公分的一、二年生充實枝條爲插穗，入土部應去葉，地上部分可酌留葉片，發根容易。重瓣、大花及雜交種扶桑均需用高壓或嫁接法繁殖，嫁接宜以朱槿等原種作砧木。繁殖以春季至夏季爲適期。

㈡栽植

育苗完成後以春秋兩季爲移植適期，栽培地宜排水良好及日照充足，先施用腐熟堆肥等作爲基肥後定植。綠籬栽培一般均選用朱槿、裂葉朱槿或南美朱槿等原種，可直接剪枝插於籬地，頗易發根成長。

㈢肥培管理

朱槿生育旺盛、花期極長，除需供給水分外，每 1～2 個月應施追肥一次，有機肥或化學肥料均可施用。

朱槿之盛花期爲 5～10 月，成株每年春季應定期修剪一次，但如植株之樹形不良或分枝過分稀疏，則可隨時作修剪。老化之植株施以強剪可促使產生新枝及恢復樹勢之繁茂。綠籬栽培者則應隨時修剪以維持籬形。

㈣病蟲害

蟲害以蚜蟲、介殼蟲等爲主。病害少，以煤病等爲主。

第七節　蔓性植物

　　蔓性植物又稱爲藤本植物，是指一些植物的莖無法直立生長，必須依賴其莖蔓或卷鬚，纏繞或攀附他物而上，或匍匐地面，以獲取其生長空間及光照者。以卷鬚或吸附氣根攀附他物生長者稱爲攀緣性藤本植物，如瓜類、地錦等。以莖蔓纏繞他物生長者稱爲纏繞性藤本植物，如蔦蘿、牽牛花等。另有部分植物雖然莖枝柔軟細長，但無法攀附他物，僅能匍匐地面，其枝蔓與地面接觸處易發不定根者，則稱爲匍匐性藤本植物，如馬鞍藤等。亦有部分植物原爲灌木，但在枝條伸長後呈半蔓性或藤蔓狀者，稱爲蔓性灌木，如九重葛、茉莉花等。

　　蔓性植物之觀賞價值頗高，除可盆栽觀賞外，亦可做成盆景或吊鉢。在造園應用上更可用來作成綠門、綠廊、花架、涼棚或美化牆籬。亦可鋪植地面形成地被植物或爲造形修剪的材料。

　　本省常見的蔓性植物有：

　　㈠草本蔓性植物

　　牽牛花、蔦蘿、黃金葛、蔓綠絨、風船葛、蔓黃金菊、馬鞍藤、觀賞南瓜、蝶豆等。

　　㈡木本蔓性植物

　　九重葛、炮仗花、使君子、龍吐珠、蒜香藤、軟枝黃蟬、凌宵花、茉莉花等。

　　壹、九重葛

學名：*Bougainvillea glabra* Choisy.

科名：紫茉莉科 Nyctaginaceae

英名：Paper flower, Bougainvillea.

別名：南美紫茉莉、三角梅、三角花

一、概說

　　九重葛為原產南美巴西、秘魯一帶的蔓性常綠灌木，植株枝葉茂盛，葉腋常有刺，葉心形或尖卵形，全緣，花頂生或腋生、聚繖花序，花小而苞葉特大，常為 3 朵簇生在苞葉內，苞葉即觀賞的部分，花苞有單瓣及重瓣的品種，顏色有紅、粉紅、橙紅、橙黃、白、紫等單色或複色，花期以 10～3 月者較多，亦有周年開花品種。

　　九重葛原為灌木狀，可作盆栽、庭園樹，或剪成綠籬。枝條放任伸長後即成蔓性，宜作花廊、蔭棚或花牆等。開花密集、鮮艷持久，亦有斑葉以觀葉為主的品種，花葉均可觀賞。目前臺灣自國外引進的新種頗多，極具觀賞價值（圖 16-48）。

二、風土適應

　　九重葛性喜高溫而耐旱，生育適溫為 20°～32°C，需要充足的光照，日照不足則生育衰弱、不易開花。

　　土壤以排水良好的砂質壤土為佳、忌積水潮濕。

三、品種

　　本省常見的品種有：

㈠光葉九重葛

圖 16-48　九重葛

葉光亮而多刺，花苞單瓣、紫紅色，花期爲秋末至春季。生長勢強，可作嫁接之砧木。

㈡斑葉九重葛

葉長卵形而兩端尖突，葉面具深黃斑紋，葉緣反捲。花苞單瓣紫色，花期秋末至春，觀葉爲主。

㈢雙色九重葛

葉尖卵形。花苞單瓣，有紅、白雙色或單苞雙色，周年可開花，以冬春最盛，綺麗可愛。

㈣金心九重葛

葉尖卵形，葉中有黃或淡紅鑲嵌斑紋，花苞單瓣，有紅白雙色或單苞雙色，全年開花，以冬至春季較盛，賞花觀葉均宜。

四、栽培管理

㈠繁殖

單瓣種以扦插或高壓繁殖。重瓣及雙色品種宜用高壓或嫁接法。扦插可在 4～6 月間，剪取成熟枝條，長約 20 公分插於砂床即可。高壓宜於春秋兩季進行。嫁接一般以光葉種爲砧木，雙色種須取具雙色花苞之枝爲接穗。靠接、切接均可，以春夏間爲適期。

㈡栽植及管理

盆栽因水分及肥料較易控制，較露地栽培容易開花。生育期間水分及日照均應充足，開花時宜控制水分使稍乾燥，則花苞才能持久不落。露地栽培時常因土地肥沃及水分較多而引起徒長、無法開花，應停止施用氮肥、並剪除徒長枝及部分細根、減少灌水，待恢復生長後即可開花。盆栽花期後應剪短枝條，補充肥料並充分給水，即可再開花。盆栽多年後常生育衰退無法開花，應換盆換土並配合適度修剪，促使恢復生長，即可開花。

㈢病蟲害

以介殼蟲及紅蜘蛛等爲主。

貳、炮仗花

學名：*Pyrostegia venusta* Miers

科名：紫葳科 Bignoniaceae

英名：Flame vine , Orange trumpet vine

別名：黃金珊瑚，火焰藤

一、概說

炮仗花為原產巴西的常綠藤本植物，莖蔓柔軟，延展力強，枝條可長達 20 公尺，有三叉狀卷鬚，葉為三出羽狀複葉，對生，小葉尖卵形、全緣。春季開花、聚繖花序、頂生，小花多數聚生成簇，花冠橙黃色，裂片作鑷合狀排列，開放時反捲，上唇 2 片，下唇 3 片。蒴果。

炮仗花盛開時花多而葉少，花期適逢春節前後，開放時一片橙黃，憑添一分金碧輝煌的熱鬧氣氛，非常適合栽在大門邊作成門廊或蔭棚，亦可用來美化屋頂、牆籬、欄杆。在臺灣中南部開花極好，但在北部地區常有花芽分化不良、不易開花的現象 (圖 16-49)。

二、風土適應

炮仗花性喜高溫，但亦可耐低溫，生育溫度以 18°～28°C 較為適宜。生長期宜保持適當水分，並需充足陽光、通風良好。秋冬季則宜稍乾燥，可以促進花芽分化。

炮仗花對土壤選擇雖不嚴苛，但仍以排水良好、富有機質的肥沃濕潤壤土最為適宜。

三、栽培管理

㈠繁殖

以扦插及高壓法繁殖為主，扦插以春秋兩季為適期，剪取一、二年生充實枝條長約 20～30 公分為插穗，插於沙質插床即可。高壓則除花期外均可進行，地面壓條亦頗易生根。扦插苗較小，可先行假植於小花盆，經肥培 1 年後定植，壓條苗較大則可直接定植。

㈡栽植

圖 16-49　　炮仗花

　　苗木定植時植穴宜掘稍大，放入腐熟堆肥爲基肥，與土完全混合後定植。亦可施用複合肥料爲基肥，應注意勿與苗根接觸。

　　㈢肥培管理

　　幼苗定植成活後宜立支柱以供攀附向上，待蔓長高至棚架或屋頂高度後，可牽引上架，並加摘心以促分枝。生育期間應充分給水、勿使乾燥。每月應施追肥 1 次，有機肥或三要素複合肥均可，期能促使生長旺盛。至秋冬季節則應減少灌水以促花芽分化，使花期開花良好。花期過後即行整枝修剪，並施肥料，促使萌發新梢以恢復旺盛生長、確保來年開花良好。炮仗花在生長期枝葉碧綠、青翠可愛，且甚少病蟲，亦頗富觀賞價值。

叁、龍吐珠

學名：*Clerodendrum thomsonae* Balf.

科名：馬鞭草科 Verbenaceae

英名：Bleeding heart vine, Bag flower

別名：珍珠寶蓮、臭牡丹藤

一、概說

龍吐珠為原產西非的常綠蔓性灌木，株高約 1 公尺，枝條褐綠色，小枝略呈方形，葉對生，為先端尖銳的卵狀橢圓形、全緣、有柄。花頂生或腋出，為圓錐狀聚繖花序，花萼白色，花冠高盆形、鮮紅色，雄蕊細長挺出花外，狀如龍昂首吐珠，花期自夏至秋季。因其花姿優雅、受人喜愛，在臺灣栽培相當普及，可作盆栽、亦宜作花架或美化牆籬（圖 16-50）。

二、風土適應

龍吐珠性喜溫暖及充足光照，生育適溫為 22°～30°C，在臺灣冬季寒流來襲時會引起落葉現象，故宜加保護。龍吐珠性頗強健，在半日照情況下，仍可開花。即使在公寓陽臺亦能正常生長，但仍以在充足陽光下開花較盛。

龍吐珠以栽培在排水良好、富有機質的砂質壤土最為適宜。生育期間及花期宜有充足水分，花後則應減少。

三、品種

圖 16-50　龍吐珠

臺灣常見者除龍吐珠外尚有紅花龍吐珠及斑紋龍吐珠，紅花龍吐珠枝條的蔓延力較強，全年均能開花，其萼片與花瓣均呈鮮紅色，萼片持久不凋，可長期觀賞。

四、栽培管理

㈠繁殖

可採播種及扦插繁殖，因扦插頗易成活，故在臺灣多採扦插法繁殖。春秋兩季均宜扦插，取中等熟度已稍木質化的枝條為插穗，長 15～20 公分，斜插於沙質插床、入土約一半，並宜完全除葉，約經 30～50 天可以發根。

㈡栽植

露地栽培應在植穴中施入腐熟堆肥為基肥。盆植時應配製疏鬆而

富含有機質之培養土，並應剪去主幹以抑制其高度。春秋兩季爲定植
適期。

　　㈢**管理**

　　定植後應立支柱誘引枝蔓上棚或架，生育期間每1～2個月應施追
肥一次，平時則應注意澆水，促使植株發育旺盛後才能開花良好。開
花過後可將殘花連同枝條剪除，然後追施三要素肥料或有機肥，並充
分灌水，即能再萌新枝而開花。如植株老化，則可於2～3月間行強剪
後追施肥料，當可於春暖後萌發新枝而恢復開花。花季過後應減少澆
水，使保持稍爲乾燥狀況爲宜。

　　　　　肆、珊瑚藤

　　學名：*Antigonon leptopus* Hook.

　　科名：蓼科 Polygonaceae

　　英名：Chain of love, Love's chain, Caral
　　　　　vine

　　別名：朝日蔓、旭日藤、紫苞藤

一、概說

　　珊瑚藤爲原產墨西哥的落葉蔓性植物，成株地下具塊根，莖細而
具卷鬚，葉互生，爲尖長心形，全緣或淺細齒，葉面粗糙，有皺褶，
卷鬚抽自葉腋。總狀花序，花密集，小花外側具粉紅色花苞3枚，亦
有白色變種，花期自春末至秋冬，陸續花開花謝，盛開時串串花穗晶

瑩美麗，與旭日相暉映，十分討人喜愛，其枝條蔓延力強，是作花廊、花架、花棚、花牆的絕佳材料，在臺灣栽培相當普遍（圖 16-51）。

二、風土適應

　　珊瑚藤性喜高溫及充足日照，生育適溫為 22°～30℃，生育期需充足水分，勿使乾燥，花期則需充足光照，日照不足時則開花稀疏而色淡。

　　珊瑚藤栽培以排水良好的肥沃砂質壤土或腐植質壤土為最佳。

三、栽培管理

㈠繁殖

可用播種或扦插法繁殖，一般以在春夏間播種為主，播種前宜先

圖 16-51　珊瑚藤

將種子浸水 4～6 小時，俟充分吸水後直接播於露地，覆土約 1 公分，充分澆水以保持濕潤，發芽適溫為 22°～28°C，約 30 天發芽。珊瑚藤不耐移植，如行育苗則以盆播為宜。扦插宜在春季行之，剪取充實枝條長約 20 公分，去葉插於砂床，約經 30 天可以發根。

㈡管理

幼株莖蔓伸長後應立支柱以供攀緣，如枝條過多時則應擇 2～3 支留為主枝，其餘悉數剪除，待其上棚架後即行摘心以促多枝。春季至夏季之生育期應充分給水，雨天則應注意排水。其間每 1～2 月少量施用肥料 1 次，三要素複合肥料或有機肥料均可施用，但用量不宜多。每年冬季落葉期可行整枝修剪，以剪除枯枝及疏剪過密枝為主。栽植多年植株老化時可採強剪更新。修剪後必須配合施肥，以確保來年之發育與開花生常。臺灣南部氣溫較高、冬季常不落葉，仍應趁此時修剪。

第八節　多肉植物

　　多肉植物又叫多漿植物，在園藝上，凡植物的莖葉肥厚多汁而耐乾燥者均可稱之。此類植物大多原產在熱帶及亞熱帶的乾旱地區，為了適應乾旱的環境，其莖葉常發展為肥厚發達的貯水組織，其表面常密被蠟層或絨毛以減少水分的蒸散，有些種類之葉變態為刺或毛。

　　多肉植物因形態特殊，且種類繁多，植株體態清雅而奇特，花色艷麗而多姿，栽培與觀賞均極富趣味性，所以在市場上頗受消費者的歡迎。

　　多肉植物大多喜愛高溫，且極耐乾旱，故栽培的介質須排水性良好，栽培不可澆水過多、尤忌浸水，在低溫期間常呈休眠狀態，則給水更應減少。多肉植物中亦有部分是原產在溫帶地區或森林中者，則會在高溫期休眠或忌強光直射，管理時應加注意，在休眠期應減少供水，在強日照時應適當遮蔭。

　　臺灣常見的多肉植物有：

㈠**仙人掌科**

如仙人掌、孔雀仙人掌、曇花、螃蟹蘭、木麒麟、仙人棒等。

㈡**番杏科**

如花曼草、蟹蛺草、帝玉等。

㈢**景天科**

如石蓮、風車草、串珠草、萬年草、翡翠木、長壽花、落地生根等。

㈣**大戟科**

如綠珊瑚、千蛇木、三角霸王鞭、金剛纂、麒麟花、蜈蚣珊瑚、

紅雀珊瑚、珊瑚油桐等。

㈤**蘿藦科**

如愛之蔓、大花魔星花、愛元果等。

㈥**菊科**

如綠之鈴、上弦月等。

㈦**百合科**

如蘆薈、虎紋鷹爪草、大珍珠草、透明寶草等。

㈧**龍舌蘭科**

如龍舌蘭、短葉虎尾蘭等。

㈨**馬齒莧科**

如樹馬齒莧、松葉牡丹、馬齒牡丹等。

㈩其他尚有多種鳳梨科、鴨跖草科、酢漿草科、葡萄科、葫蘆科植物。

壹、仙人掌類

科名：仙人掌科 Cactaceae

英名：Cactus

一、概說

　　仙人掌科植物為原產南北美洲亞熱帶乾旱地帶,本科為被子植物,雙子葉植物綱, 離瓣花亞綱, 共分 140 多屬, 種類極多, 大多為草本植物。大約 16 世紀傳入我國, 近來因盆栽及室內觀賞植物的盛行, 仙人掌以其變化多端的奇形怪狀, 而普獲消費大眾的喜愛, 尤以其照顧

容易，不需經常澆水，在日常生活繁忙的工商社會中，極適合作爲喜好園藝的上班族及學生的案頭擺飾。

　　仙人掌類的莖部肥厚多肉，形狀各異，常有縱向排列突起的稜，莖上大部分有刺，爲葉的變態，花與刺、毛等器官均發自刺座（圖16-52）。花通常爲兩性花，單生或叢生，大多花色艷麗，且以重瓣爲多，一般晝開之花色鮮艷，夜開者較淡雅。通常莖形、稜數、毛刺、花等之變化，均爲吾人觀賞的標的。仙人掌的果實爲漿果，大形者可供食用。

二、風土適應

　　仙人掌一般性喜溫暖乾燥，原產沙漠地帶的地生類仙人掌，亦頗耐低溫，通常5°C以上就能安全越冬，但原產叢林地帶的附生類仙人掌

圖 16-52　仙人掌

則需四季溫暖，溫度應在 12°C以上，亦較不耐乾旱，冬季亦無明顯休眠，溫度超過 30°～35°C時生長趨緩。沙漠地生類仙人掌耐強光，在室內栽培若光線不足會引起植株衰弱或落刺。附生類仙人掌除冬季宜有充足陽光外，夏季以半遮蔭狀態較佳。

多數種類的仙人掌宜栽培在排水良好、透氣性佳的微鹼性砂土或砂壤土。pH 值以 7.5～8.9 為宜。

三、種類

仙人掌可依植物性狀或原產地環境分類，一般以後者為主：

㈠沙漠仙人掌

即地生類仙人掌，如雪晃、緋牡丹、各種仙人球、霸王鞭等。

㈡叢林仙人掌

即附生類仙人掌，如螃蟹蘭、曇花等。

四、栽培管理

㈠繁殖

1.種子繁殖：授粉後約 50～60 天果實成熟，取出種子，洗淨後陰乾，一般經貯藏半個月至 1 個月後播種，播前應注意種子消毒。本省雖四季可播，但以 3～4 月及 9～11 月為佳。

2.分株：仙人掌成長後會發生小球，將其切取插於消毒過的砂質插床，約兩星期左右發根旺盛後即可移植。不易發生子球種類，可切除頂上 0.5～1 公分以促生子球。

3.扦插：部分種類可切取球體或其他營養器官之一部分，插入砂床繁殖，如團扇類、葉類、柱類仙人掌及孔雀仙人掌等均易於扦插。傷口應切平、消毒、陰乾後扦插。

4.嫁接：以柱仙人掌或葉仙人掌等作砧木，行平接、劈接或尖座接均可。在臺灣常以三角柱仙人掌爲砧木，平接各種小型球狀仙人掌，以春季 3～5 月及秋季 9～10 月爲最適期，其他季節雖均可嫁接，但低溫及下雨均易失敗。砧木應健壯，切約 15 公分長，切口宜平，接穗通常選徑 2～3 公分的仔球，削平底部，放在砧木切口上後，以細棉線綑綁使砧穗形成層密合，放置陰涼處 2～3 週使傷口陰乾後即可植於苗圃，約 3～4 週後砧木發根，然後綑綁的細棉線會自行潰壞而不需拆線，較用其他材質繩線綑綁爲省工。

5.組織培養：較難繁殖的名貴品種或需快速大量繁殖時，可取不定芽之生長點行組織培養。

㈡栽植

栽植材料可自行以砂質土、堆肥、泥炭土、河沙等調配，但酸性土易使根腐爛，故宜加 0.5％石灰粉使成微鹼性。家庭栽培以細蛇木屑混合河沙爲材料最爲方便。在臺灣四季均可栽植，以 3～4 月最爲適宜，移植前後均應保持乾燥，定植後 2～3 天才可恢復澆水。

㈢肥培管理

水分供應爲栽培成敗之關鍵，過濕過乾均非適宜，雨季長期潮濕及過於陰暗均會引致徒長腐爛，故栽培處宜有遮雨設施，夏季強光則應遮光 20～30％，溫室栽培室溫以保持 25°～32°C爲宜。

仙人掌生長遲緩，不宜施肥過多，否則對根有害。一般基肥以腐熟堆肥或長效肥料爲主，追肥用速效肥料每 15～20 天少量施用 1 次。

㈣病蟲害

蟲害以介殼蟲及棉蟲等爲主，病害有根腐病、莖腐病及疫病等。

貳、景天科植物類

科名：景天科 Crassulaceae

一、概說

　　景天科多肉植物有 20 餘屬，種類頗多，大多原產在南非洲及墨西哥等地，其他各地亦有不少，臺灣即有原生種約 3 屬 20 多種。目前供作觀賞的除原生種之外，已有大量雜交育種而成的園藝栽培種出現，本省栽培者仍以引進種爲主。由於種類品種繁多，植株形態千變萬化，有觀葉種類，亦有觀花品種，大多植株矮小而耐旱性強，栽培容易，頗受消費大衆的歡迎。

　　在園藝應用上如石蓮、翡翠木、長壽花、耳墜草、風車草及其他矮小型景天科植物均宜作盆栽。而下垂的串珠草、密珠草、萬年草等則可作吊盆。松葉景天及部分長壽花品種等亦宜作花壇栽植。且因其花期不同而可作不同的應用，如長壽花之花期由冬至春，其高性品種花期更長達半年，松葉景天之花期由春至夏，賞花之外又宜觀葉。

二、風土適應

　　因原產地不同，其風土適應亦有別，如原產南非洲及歐洲的種類，雖好溫暖，但不耐高溫，在臺灣夏天常呈休眠狀態而不宜大量澆水及施肥。而原產熱帶如墨西哥等地的種類，則較不耐低溫，而在冬季休眠，亦不可大量給水。

　　需要充足光照者應栽植在露地，如石蓮、長壽花、松葉景天、落地生根、風車草、萬年草等。而神刀草、奇雕塔、黑法師、明鏡、福

娘等，因忌強光直射而宜栽植於有遮光遮雨設施的室內，夏季宜遮光
30～50％。

　　景天科植物大多性耐旱而忌長期潮濕，栽培的土壤以肥沃疏鬆而
排水良好的腐植質壤土爲宜。亦可以細蛇木屑 2 份與眞珠石、泥炭土
及河沙各 1 份調配的介質栽培。

三、種類

　　景天科植物因種類繁多，除以植物學之分類外，慣以其生長習性
分爲室內植物與室外植物。亦可以利用途徑分類爲盆栽植物與花壇植
物。而單一種類又有多種品種：如長壽花(*Kalanchoe blossfeldiana*
Poelln.)又名壽星花或多花落地生根（圖 16-53），原產馬達加斯加，
現有多種栽培品種育成，可分爲高性與矮性兩類，花色有橙紅、桃紅、

圖 16-53　長壽花

緋紅及黃色等。

四、栽培管理

㈠繁殖

大多可以播種、葉插、枝插、分株等方法繁殖。臺灣栽培者慣以扦插繁殖，扦插雖四季可行，但仍以春秋兩季爲適期。葉插可大量繁殖，但生長較慢。枝插則以帶葉之枝梢，插於排水良好的調製介質中，約3～4週可生根。

㈡栽植及管理

盆栽應在苗根生長旺盛後定植，盆徑依植物特性而定，每盆以栽植1株爲原則。生育期間應適量澆水，不宜過多，室外栽培者尤應注意雨期排水。夏季遮光程度亦依種類特性而定。

定植前宜混合堆肥於土中，可使生育旺盛。生育期間亦應視種類每1～2個月施追肥1次，花寶、魔肥等均可應用。觀花的長壽花在冬季施肥有促進春季開花之效。高性品種春花謝後可剪除殘花並施追肥，可促再度開花。

叁、大戟科植物

科名：大戟科 Euphorbiaceae

一、概說

大戟科多肉植物種類頗多，形態各異，大多原產在南非、印度及熱帶美洲。臺灣引進栽培的種類亦不少，主要用於庭園栽植或盆栽，除可觀賞植株及肥厚的莖葉外，部分種類的花亦頗鮮艷美麗。部分種

類植株有刺、強健耐旱且少病蟲害，可作爲庭園綠籬。

二、栽培適應

大戟科多肉植物大多喜好溫暖而較乾燥的氣候，生育適溫多在23°～30°C之間，一般多耐旱耐熱，而忌陰濕。喜光照充足，亦可稍遮蔭，對環境之適應性強。

土壤以排水良好的肥沃砂質壤土爲佳，如排水不良、積水不退，則根易腐爛。

三、種類

㈠綠珊瑚(*Euphorbia firucalli* L.)

英名 Milkbush 或 Pencil tree，別名青珊瑚、鐵羅。庭園栽培時植株可高達 2～3 公尺，盆栽時常僅高 10 餘公分，全株由筒狀小枝構成，偶有線形退化小葉。樹體乳汁有毒。周年青翠碧綠，可庭植或盆栽。

㈡麒麟花(*Euphorbia milii* Desmoul.)

英名 Crown-of-thorns，又稱番仔刺、虎刺或花麒麟。株高 30～60 公分，莖肥厚多肉且多生銳刺，葉長倒卵形，體內有白色乳汁。周年開花，以秋冬季較盛，可作庭植、綠籬或盆栽。大麒麟爲其雜交種，葉大花多，頗富觀賞價值。

㈢三角霸王鞭(*Euphorbia trigona* Haw.)

英名 African milktree，別名彩雲閣。株高可達 1～2 公尺，莖三角形而肥厚多肉，葉倒披針形、互生。葉與刺均著生於莖之稜角上，夏秋開花，可庭植或盆栽。

㈣珊瑚油桐(*Jatropha podagrica* Hook.)

英名 Australian bottle plant，別名葫蘆油桐。株高 30～80 公分，莖肥大多肉，下半部膨大成瓶狀。葉互生，卵圓形有掌狀裂。成株周年可開花，花梗分枝紅色如珊瑚，花紅色 5 瓣，蒴果，內有種子 3～5 粒。可庭植或盆栽。

四、栽培管理

㈠繁殖

除部分如珊瑚油桐、千蛇木等可行播種繁殖外，一般均以扦插繁殖為主，插穗剪下後宜待乳汁凝固後插於砂質插床，少量澆水，頗易發根成苗。

㈡栽植及管理

宜植於排水良好的砂質土壤，定植前應施腐熟堆肥為基肥。生長環境宜日照良好，雖可在半日照環境生長，但盆栽亦不宜放置室內 10 天以上。管理時澆水宜少，每 1～3 個月可施追肥 1 次，部分種類可於春季花後稍加整枝修剪，可促進分枝及生長發育。盆栽者在盆土硬結時應更換新土。

習 題

1.試述觀賞植物之意義。

2.試述一、二年生草本花卉之意義。

3.試列舉適宜花壇栽培之一二年生草花。

4.試述宿根花卉之意義。

5.試述菊花電照處理的方法。

6.試列舉草本花卉中適合切花的種類。

7.試述球根花卉之意義。

8.試述球根花卉的種類。

9.試述百合的繁殖方法。

10.試述觀葉植物之意義。

11.試列舉天南星科觀葉植物的名稱。

12.試述蕨類植物繁殖的方法。

13.試列舉適合盆栽的花卉種類與名稱。

14.試述盆栽聖誕紅的管理要點。

15.試述觀賞樹木之意義。

16.試述本省常見杜鵑花的種類。

17.試列舉本省常見椰子類植物之名稱。

18.試述蔓性植物之意義。

19.試述多肉植物之意義。

第十七章 造園

第一節 緒論

一、造園的意義及重要性

造園是一種綜合性的技術與藝術。我國使用「造園」名稱至少已有三百多年。我國造園典籍中對造園敍述最有系統的是明朝計成氏（西元1582～1644年）所著的《園冶》一書。該書卷首鄭元勳氏題詞：「古人百藝皆傳之於書，獨無傳造園者何？」是我國「造園」一詞最早見於文獻者。故造園在我國早爲通用名詞，造園學也早爲研求的科學。

㈠造園的意義

依《辭海》解釋：「造」字爲「建立」、「作爲」。「園」字爲「種果蔬之地，養禽獸之地或別墅遊憩之處，而帝后的墓域也可稱園」。故「造園」也即建立各種園的意思。近代中外各學者專家對造園也有許多種解釋，列舉數例如下：

1.陳植：造園乃關於土地之美的處置，而爲系統的研究者。

2.林樂健：造園是利用自然界的材料，來美化環境，使我們有享樂、實用與教育的價值。

3.凌德麟：處理戶外空間，使之適合於吾人生活、遊樂及感受之需要謂之造園。

4.柏禮(Bailey)：造園爲研究式樣、方法和材料，以發展風景，不論面積大小，皆使其變成景色(view)。

5.永見健一：造園乃於蒼天之下，大地之上，應用一切材料與人類之修飾加工創造之新的第二自然。

綜合言之，由人工按照美學的原理與法則，利用各種材料，在土地上創造風景設施，以使環境兼具實用、教育、娛樂、觀賞及裝飾之功能，謂之造園。

㈡造園的重要性

近因科學發達，經濟發展快速，人類的生活集中在繁忙煩雜的大小都市裏，勞心勞力之餘，很嚮往一自然環境，調整身心疲勞，恢復精神健康。因此經濟愈發達的國家或地區，造園環境愈不可缺少。其重要性如下：

1.增加環境美

環境的周圍，種上花木或加以美化，自然會增加美觀，一草一木，一花一葉，都是美的傑作，張開眼睛，令人們十分愉快。

2.促進健康

⑴淨化空氣

造園植物能行光合作用，放出氧氣，因而可使空氣淨化。

⑵減少化學性及放射性的污染

造園植物可以過濾大氣中工廠、汽車等排放的化學性毒氣，如二氧化硫及工業產生的放射性污染。

⑶減少落塵量

塵埃的飛揚，使空氣污濁，有害呼吸器官。樹木除能阻擋風力外，亦具防止灰塵及過濾之作用，故可減少落塵量。

⑷防止噪音

噪音會影響情緒、加重病況、妨礙工作。種植樹木，綠化都市，除作為有效的緩衝、阻遏、反射及吸收作用外，亦可以防止噪音。

3.提供正當遊樂

小的造園如庭園、廣場，大的如公園、國家公園等都是郊遊、遊憩的好去處，也是提倡正當娛樂的最理想設施，同時亦能鬆弛緊張的生活及陶冶人們的性情。

4.增廣學識

植物園、動物園、水族館，都是屬於造園設施，能夠增廣學識。嚴格來說，大自然就是學識最好的學習場所。因為它給我們最大的啓示，讓我們從自然界中尋找人生的眞諦。如一粒種子，吸收水分，開始發芽，長出幼苗，經過灌溉、施肥、中耕、除草、發出蓓蕾、開花、結果等過程，啓示萬物在不斷的進步，不斷的更新。

5.獲得觀光收入

觀光主要的是有風光可遊覽，風光即風景，而風景區的規劃與國家公園的建立即是屬於造園的範疇與事業。據統計，國內每年各風景名勝吸引國內外遊客之觀光收入非常可觀。

6.防禦災害

都市裏人口密集，如果遇到火警、地震、空襲等災害，由於疏散不易，可能受到嚴重損失，若有空曠的庭園或公園，甚至只是種一排樹木的小巷道，都可以阻止火勢的蔓延。此外，庭園或公園也是地震、空襲的避難所，能使生命得到保障。

7.滿足心靈慾望

⑴帶來希望

心靈的憂傷，主要的原因是精神沒有寄託，沒有希望。造園所用的植物，不斷的在成長，將要凋謝的花木，經過細心管理後，又

開始發新芽，其生長之現象象徵了寄託及希望。

(2)帶來快樂

庭園中的植物，當它繼續延長生命，開放綺麗花朵，使我們心靈的深處，有了無限的快樂。

(3)隱隱迴音

動物有生命，植物同樣的有生命，有成長、生病、死亡的現象。枯去枝葉，留下種子，永遠留下隱隱的迴音，其感受正如余光中先生的詩句所述:「渾圓的靜旋轉給誰聽? 那隱隱的迴音，一朵花聽出了神」。

二、造園的種類

造園可依據造園的式樣、材料、目的、所有者、位置等各種關係予以分類:

(一)依造園的式樣分類

一般可分為三種形式:

1.規則式

此式又稱人工式、幾何式或建築式。規則式庭園充分表現出幾何線條的美，或圖案的美，給人以整齊、嚴肅、莊重而有魄力的感覺。缺點則是做作、不自然、缺乏情調，雖然設計與處理均較容易，但易流於庸俗。規則式造園為西方古典式造園，現多用於機關、學校的前庭、街道、廣場、圓環的小公園及都市公園的局部(圖 17-1)。其特點為:

(1)一切組合力求工整，人工痕跡顯著。

(2)軸線明顯，軸線兩側盡可能對稱。

(3)道路、水池或其他線條多為直線或有規則的曲線。

圖17-1　規則式造園（資料來源：Bayer, 1984, *The most beautiful gardens of the renaissance*）

(4)樹木多列植或有規律的栽植，修剪成各種形狀。

(5)花壇有明顯的邊緣及圖案或呈毛氈狀。

(6)園中安置雕刻物、噴泉、水渠及其他人工化的裝飾品。

2.自然式

此式又稱不規則式、天然式或風景式。自然式庭園充分表現出自然的美或意境的美。這種園景常給人以寧靜、幽雅、瀟灑而柔和的感覺。缺點則是有時單調而蕭條，設計與處理易混亂及散漫，故難表現其美。自然式造園以英國天然式與中國山水式為代表，可應用在家園的主庭、大公園、國家公園、植物園、動物園與公共庭園的邊側地區（圖17-2）。其特點為：

(1)一切組合力求自然化，以看不出人工痕跡為原則。

(2)無明顯的軸線，很少有對稱的排列。

(3)道路及水景及其他線條多為不規則的曲線。

(4)樹木不修剪成特別形狀，以保有原有樹形為原則，惟局部可藉修剪以達到縮景的效果。栽植時則採不規則的排列。

(5)花壇邊緣不明顯，多以叢植代替花壇，絕無圖案花紋。

(6)安置假山、曲水或其他仿自然的裝飾品。

圖 17-2 自然式造園（傅克昌先生提供）

3.混合式

此式又稱折衷式或現代式。混合式庭園的風格介於規則式與自然式之間，為一取兩式的優點而免去兩式的缺點的折衷造園手法（圖17-3）。其混合方法為：

　　⑴在自然式的園景中，酌量加入有規則的線條或花壇，以消除單調。

　　⑵中心區或主要區為規則式，而以自然式局部聯絡之。

　　⑶建築物前面及近處用規則式，遠處或偏僻處用自然式使與環境調和。

　　⑷用明顯的線條，而不用整齊對稱的排列。

現代的庭園多為混合式，很少有純粹的規則式或自然式。

㈡依造園的材料分類

圖 17-3　混合式造園（傅克昌先生提供）

1.以植物材料爲主

造園材料以植物爲主，有時用多種植物，有時僅以一種植物布置。如植物園、藥草園、茶花園、仙人掌園、玫瑰園、蘭園等。

2.以動物材料爲主

造園材料以動物爲主，有時用多種動物，有時僅以一種動物作號召。如動物園、馬術公園、孔雀園、鳥園、猴園、錦鯉魚園等。

3.以岩石泉水材料爲主

以岩石形狀爲欣賞主題的岩石園。以水的變化爲欣賞或遊樂重點的瀑布、水舞園、水上樂園等。

㈢依造園的目的分類

1.以觀賞爲目的

大部分公園、庭園屬之。

2.以運動爲目的

如運動公園、海水浴場、滑草場等。

3.以裝飾爲目的

如具功能性之都市廣場、行道樹等。

4.以實用爲目的

如蔬菜園、藥草園、果園等。

5.以教育爲目的

如動物園、植物園、標本園等。

㈣依造園所有者分類

1.私人所有者

如庭園、別莊、別墅等。

2.宗敎所有者

如寺院庭園、墓園等。

3.公共所有者

如公園、廣場、動物園、植物園等。

4.帝國元首所有者

如御花園、離宮等。

㈤依造園位置分類

1.附屬於建築物者

如前庭、中庭、後庭、屋頂花園等。

2.設於高山者

如森林遊樂園、國家公園、高山植物園等。

3.設於水濱者

如河濱公園、海水浴場、水上樂園等。

4.設於平坦地者

如兒童公園、市區公園等。

三、造園的特徵

各國造園各具其特徵，茲簡述其要如下：

㈠**中國式造園特徵**

中國式造園分成南北兩派。南方者以長江流域爲主體，私人庭園爲多，多假山水景，庭園建築物精巧，富詩情畫意。北方者以黃河流域爲主體，多爲歷代帝王所建，較開濶豪華，常綠樹少，庭園建築雄偉。中式造園之設計向無成法，但每每得體合宜，注重借景，景到隨機。中國庭園的題材也常富於詩意，建物獨特，亭、臺、樓、閣等極富變化。栽植之樹木常維持原有形態，有垂柳、修竹、蒼松等（圖17-4）。

㈡**日本式造園特徵**

圖 17-4　中國式造園（傅克昌先生提供）

　　日本式庭園布置採自然式，模仿天然山水之格調。植物材料之應用，喜常綠樹，樹木善加工成老態。建築材料常見石燈籠、洗水鉢、小拱橋、飛石等。日本式庭園對小面積的表現尤有獨到之處(圖 17-5)。「枯山水」以砂代水，石代山，更爲其特殊之布景法。

　　㈢法國式造園特徵

　　園景平面發展，用開擴之大草地，講求平面圖案美。樹木極度修剪，成爲幾何形體。多用鐵之門窗及垣籬。用雕像、行道樹、噴泉、花壇、小運河作爲裝飾（圖 17-1、17-6）。

　　㈣意大利式造園特徵

　　爲臺坡式庭園，幾何式，多用大理石材料，噴泉特多。常用雕像、行道樹、花壇（圖 17-7）。

　　㈤英國式造園特徵

圖 17-5　日本式造園（傅克昌先生提供）

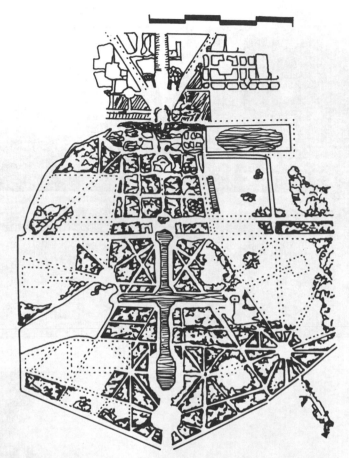

圖 17-6　法國式造園——凡爾賽宮平面圖

常利用山水，布置成自然形景色。園中建西式殿宇，置花鉢、鴿舍、噴泉等點綴，並鋪草地及花壇。庭園周圍常廣植森林成蔭並有天然水池（圖 17-8）。

圖 17-7　意大利式造園

圖 17-8　英國式造園（林雲鵬先生提供）

第二節　造園設計基本原則

一、造園設計的最高理想

造園是一種藝術。造園的設計雖然沒有一定的公式可依循，但卻仍須以科學的理論作基礎，依造園的原則加以組合與配置，才能達到造園設計的最高理想——創造出兼具真、善、美的環境。

㈠眞(Truth)

眞即是眞實的意思。造園雖然是一種應用藝術，在設計上雖然以美爲主題，但在實際原則上卻不能失其眞；也就是說要根據自然法則設計，順應自然環境，依其地形、地勢、日照、土質、水流現況，合理的規劃設計並應用適當的材料，以不失其眞。同時設計時，更應考慮經費預算的可行性，所作的設計才能眞正的實行。

㈡善(Goodness)

善即是實用的意思。現代造園非常重視實用的機能，亦即合於適用的及經濟的原則。今日「園」的定義已經擴展爲人的所有生活空間。因此，造園設計必須能滿足吾人在生理上、心理上、環境上、社會上的種種需求。例如在設計一個住宅庭園時，必須依各個住宅成員的年齡、個性、職業與需求的不同，而有不同的設計，否則設計出的庭園就不實用，或形成不必要的浪費。

㈢美(Beauty)

美即是美觀的意思。造園應保存並修飾天然的美，且創造人工的美。建造庭園的目的，即爲供人賞樂之用，故無論整體或局部，均以美觀爲追求的目標。

造園美不僅要求視覺上的美，同時對聽覺、嗅覺、觸覺及味覺上的美也不宜忽略。一個庭園所有部分具有可見的和諧或一致時，才合乎美的需求。例如欣賞造園美，人們常說「鳥語花香」不正是聽覺與嗅覺的美，又如「山清水秀」、「風光明媚」、「景色怡人」也正說明視覺景觀的美感。

造園美其實是一種抽象的概念，各人見解不同；儘管各人欣賞及著重的角度不同，但園景各要素的組合配置能為人所感覺並領會出其完整性，就有造園美可言。園景的構成要素不外植物、動物、山水、建築以至萬物百態。園景內各要素的組合與配置愈理想，則我們感受到快樂或歡愉的程度就愈深，美的感受也愈強。

二、造園組合原則

造園設計是將許多造園材料作適當的安排，以組合成許多局部，再連貫許多局部而成完整的園景。造園所表現的形、色、音律的美，變化萬端，設計者應將此許多因子，作適切的組合。造園組合的原則和一般美學組合的原則相同，茲分述如下：

㈠統一與變化(Unity & Diversity)

造園應用統一的原則是指園景的組成因素不論外形、色彩、線條或風格等，應有一定程度的相似性或一致性，給人以統一的感覺。園景的組成因素若相似，就會產生整齊、莊嚴、肅穆的感覺，但過分一致又會覺得太呆板、單調、鬱悶。所以造園常要求統一當中有變化，或是變化當中有統一。統一感的創造有許多種方法：

1.形式的統一

例如中國著名的皇家園林——頤和園(圖17-9)，其建築形式都是按照當時的（清代營造則例）規定法式建造的。木結構、琉璃瓦、

圖 17-9　　頤和園

油漆彩畫（圖 17-10）等，均表現出傳統的民族形式，但各種亭、臺、樓、閣的外形、大小、功能等，卻有十分豐富的變化，給人的感覺是既多樣又有形式的統一感。

　　造園除建築形式要求統一外，在總體布局上也要求在形式上統

圖 17-10　　頤和園長廊有美麗的油漆彩畫（傅克昌先生提供）

一。設計之初就要決定採取何種形式的布局，是曲折淡雅的自然式，還是嚴整對稱的規則式，或是建築附近稍用規則式，遠離建築採取自然式，使兩者恰當地形成混合式。經過審慎地考慮，設計者即按既定的形式統一全園，不得混亂或混雜。

2.材料的統一

造園中非生物性的材料，以及這些材料形成的景物，也常要求統一。例如堆假山的石料，指路牌、燈柱、座椅、花架、欄杆……等，都是具有功能和藝術兩重效用，其製作的材料常要求是統一的，以達到材料統一的美感。

中國的建築歷史以木結構流行的時間最長，人們觀感上有頑固的傳統喜好。若新建的中國式公園必要時也可以新的建築材料如鋼筋混凝土等，仿製木結構的傳統古典建築，以達到材料統一的美感。

3.線條的統一

自然界的石山，表面紋理相當統一，人工假山也要遵循這個規律，求得線條的統一。水岸石料的色調、外形及紋理也要選擇相似的，擺置石頭時更要注意整體上的線條問題（圖 17-11）。

4.局部與整體的統一

一個公園的局部設計決不能遠離它的主題。例如體育公園，它的組成局部應為各種動態的運動設施。兒童公園的局部設施應是合乎兒童使用的尺寸（圖 17-12）。紀念公園的局部則皆應為肅穆的靜態景物。

變化在造園上的應用可以讓景觀更多樣化。但必須在統一的基礎上變化，才不致於造成過度零亂。例如蘆溝橋上大小石獅子的變化，就是統一中求變化所創造出而受中外人士高度評價的藝術品。首先它的石材統一，每個欄杆柱頭上都有一個高度統一的大獅子，但其周圍

圖 17-11　以線條統一的石頭擺置的水岸（傅克昌先生提供）

小獅子的數量、位置和姿態等，在匠師們極盡智巧下，形成變化無窮的造型。

　　變化是產生園景美感的重要途徑，通過變化才使園景美具有協調、對比、韻律、節奏、聯繫、分隔、開朗、封閉……等造園設計原則。沒有變化的園景將如荒漠禿嶺，談不上什麼造園藝術。

㈡**調和與對比(Harmony & Contrast)**

　　調和與對比是運用統一與變化的基本原則去安排景物形象的具體表現。調和一詞廣義的使用，可以包括造園形式、造園材料等的統一。本文擬只探討園景美學性狀方面的統一，對比則為園景美學性狀的變化中最明顯有效的一種方式。把美學性狀相同或者相類似的景物配置

圖 17-12　　兒童公園的遊戲設施應合乎兒童使用的尺寸（傅克昌先生提供）

在一起，容易和諧協調。配置景物時，調和可從下述三方面來達成：

　　1. 形狀的調和

　　　　從組成景物形狀的因素——線、面來分析，直線和直線，圓和圓是容易調和的（圖 17-13）。這在規則式圖案花壇的配置上很重要，方形的花壇中配入圓形，常不易取得調和的效果（圖 17-14）。景物的立體形象也會有調和的問題，例如樹冠垂直高聳的和橫向開張的樹種

圖 17-13　調和　　　　　　　　　　**圖 17-14　不調和**

配在一起不易調和；塔形的龍柏或福木，襯托大廈門廊的柱列效果卻很好。

2.色彩的調和

色彩調和較簡單的是同一種色而深淺濃淡不同的調和。森林中不同樹種，樹冠深淺不等的綠色交織在一起，青翠悅目，就是例子。溫帶地方，每到晚秋觀看林木紅葉所見的景色，從淡黃、橙黃到深紅都有，它們都屬於暖色，在色彩成分和心理反應上都有共通的地方。

3.組織的調和

粗、細、疏、密、光、影等組織性狀，各自配在一起容易收到調和的功效。例如用葉片纖細，花朵也細小密集的花卉種植而成的毛毯花壇，如果加入葉片粗大空疏的龍舌蘭就難以協調。

在實際配置時，上述三方面都要同時考慮到，不能顧此失彼。形狀和色彩都和諧了，但組織不協調，這仍然是一個缺憾。

彼此調和的景物中沒有互相抵觸的性狀，使人產生柔和舒坦的觀感。不過這樣的柔和觀感持續太久，或者全部園景都以這種狀態出現，便可能陷於呆滯，使遊人的興緻減退。要適時加入變化，調劑這種局面，振奮人們的遊興。針對調和缺乏興奮性美感的一種突出的變化處理，就是對比。

對比與調和恰好相反，它借兩種性狀有差異的景物並立對照，使彼此不同的特點更加顯現，提供觀賞者一種新鮮興奮的景象。造園布局的變化，有些是逐漸進行的，好像平坦的園地從徐緩的傾斜逐步過渡到陡坡，規則式園景漸漸演化爲自然式。另有一些是前後驟然相反的變化，像平地上聳立起石山，規則式和自然式園景並陳。對比屬於驟變的情況，變化明顯，打破單調喚起興緻的效果大。不少造園手法都是用對比才顯出鮮明的景象，例如空曠的綠草地和旁邊的密林相對

比更顯出它的爽朗。因此對比也跟調和一樣，時常在造園布局中運用，不僅在整個設計上，就是局部的小節也不宜忽略它的使用。

景物形狀中，線條、平面、立體都可以充分發揮對比的效果。造園路線的布置，花壇圖案的安排，爲了取得對比，便常在直線中摻入曲線，方形中局部配置圓形。在樹冠渾圓的一叢闊葉樹中突起一兩株塔形針葉樹的尖頂，可以形成立體的強烈對比（圖 17-15）。

色的對比，造成造園景物十分鮮明的印象，萬綠叢中一點紅，就是這些景象的一種描寫。花壇中花色的配置，採用對比的不少。景物組織的性狀中，疏與密，粗糙與平滑，光與影，通常都是以對比的方式發揮出來的。在濃密的針葉樹背景前，植上幾株葉大通透的羊蹄甲；油油的綠草地上一兩塊嶙峋的岩石露頭，都能取得組織上對比的效果。尤其是植物布置，有很多機會可以運用（圖 17-16）。

值得注意的是對比之下，兩種不同的景物性狀雖然更加顯著突出，但是它們應有主次的分別。如果兩者在布局中輕重不分，互相對比，有可能分散觀賞者的注意力，妨礙整個園景的統一。例如紅花和綠葉對比之下，花色看來更加艷紅，而葉子更加碧綠。在以觀葉植物爲主，一片蒼翠的園區種上幾簇紅花，可以避免景色過於清靜，帶來一些活潑的氣氛。以色彩溫暖的花壇爲主，氣氛喜樂的園區，配入相當分量翠綠的枝葉，卻可緩和色彩的熱烈，以免過於刺激。這兩種情況，雖

圖 17-15　對比

圖17-16　色的對比——紅與綠（傅克昌先生提供）

然同樣運用紅花和綠葉的對比，但它們並非對等，而是各有不同的輕重，和各園景的旨趣——一個清靜柔和，一個愉快熱烈，是統一的。

　　由於對比的美是生氣勃勃，帶有興奮性的，運用時要多加注意。過於平淡的調和固然沉悶，但過於繁多的對比卻會變成紛紜的刺激，使觀賞者眼花撩亂，失掉對比應有的效果，所以一處園景不宜布置過多種類的對比。

　　㈢均衡與穩定(Balance & Stability)

　　造園景物的布置應該呈現一種均衡的狀態。整個園區的景物不可一邊輕一邊重，有穩定感才會感到舒服。均衡是穩定一種主要的表現，布局時對園景的平面和立面都要注意此一原則。尤其是立面，因爲人們遊園所見主要是立面的景色。立面的景色一般都可以從好幾種角度欣賞，各種角度所見的均衡狀態不會一樣，有好的，有差的。當設計

布置不可能使每一角度都呈現適當的均衡時，應力求主要的欣賞角度所見的立面取得良好的均衡。

依造園形式的不同，採用的均衡原則可分爲三種：

1.對稱均衡

此爲規則式造園常採用的方式。主軸通過園地的中線，把園地分成左右對等的兩半，主軸兩邊以相等的距離布置同樣形體和大小的景物（圖 17-17(A)）。

對稱均衡中，所有景物都在主軸兩側左右相等地排列分布，可以說主軸一側的景物是另一側的重複。例如主軸兩旁兩株或兩列同樣高大的同種樹木，兩個同樣形狀和紋飾的花壇等。欣賞者面對這樣的園景，可以很快獲得顯著的均衡安定的印象。規則式造園最常採用這種均衡，因爲能夠使景物表現最大程度的整齊、穩定、莊重，這些都是規則式布局的典型景象。要求莊嚴肅穆的紀念性造園，尤其適用。

決定造園採用這一種方式的均衡，常常由於園中主要建築物的外形是對稱式的關係，和此式建築物連接的庭園也採取對稱的布局，全體才易調和統一。地形的條件也重要，在平坦而形狀正整的園地上，主軸通過中央恰好將地形分爲左右對稱的兩半；如果園地形狀彎曲不整，地勢起伏不平，對稱的布局是難以施展的。還有一個要點，即整個對稱布置的園景，應該使欣賞者能夠同時一起看見，假如同一視野中只看見局部的景物，對稱式的景象就不完全，效果因而減少。

2.非對稱均衡

此也爲規則式造園所採用。其主軸並不在園地的中線上，兩邊布置的景物，在形狀、大小及與主軸的距離上多不相等。不過，這種情況全體看來雖不對稱，只要適當調整景物的位置和形體的大小，仍然可以達到均衡的狀態，此即非對稱均衡（圖 17-17(B)）。

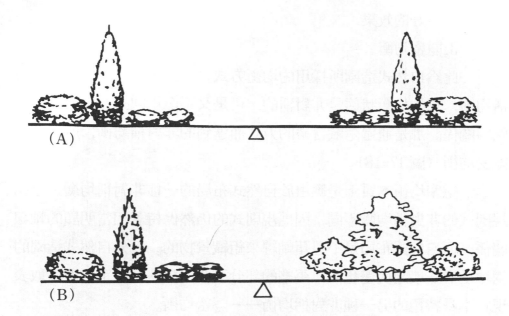

圖 17-17　　(A)對稱均衡　(B)非對稱均衡

　　當園地地形不大正整，或者園區所聯繫的建築物式樣並非對稱的情形，造園布局便難以採用對稱均衡。主軸在不大正整的園地上一般並不通過園地中線，園地不易分爲左右均等的兩半。不對稱的建築物勉強用對稱布局去配合也難協調。在這種情況下，要保持相當緊湊的軸線關係來表現規則式布局的特點，就須以非對稱的佈置方式來取得均衡。不過規則式造園的非對稱均衡，往往只就全園或整個園區的佈置狀態著眼，主軸兩旁的景物並不嚴格對稱，雖然其中大多數依然包括對稱的部分。

　　由於非對稱均衡，從整個布局看全園並非嚴格的左右對等，其中景物可以相當靈活地調配，出現的景象就比對稱均衡的輕快活潑些，在要求輕鬆愉快的規則式造園裏採用比較適宜。不過它的選用主要決定於園中建築物的均衡方式和園地形狀的正整程度。如果在一座外形對稱的建築物前面的方整園地上作非對稱均衡佈置，便會顯得勉強，

不易收到良好的效果。

3.隱密均衡

此為自然式造園所採用的均衡方式。自然式造園布局不採用對稱均衡，它的均衡狀態是非對稱的，可是又不像規則式布局的存在著軸線關係。那是通過隱藏含蓄的方式而達到的非對稱均衡，所以稱為隱密均衡（圖17-18）。

隱密均衡本質上是應用於自然式布局的一種非對稱均衡。它和規則式的非對稱均衡不同，因為規則式的仍然保持著相當明顯的軸線關係，而自然式布局是不憑藉軸線來組織景物的。此外自然式造園的園地地形一般起伏變化大，平整的部分不多，這些都決定它要採取表現它本身特色的另一種非對稱均衡——隱密均衡。

圖 17-18　隱密均衡——在棚的右側種植兩株喬木，與左側高起的山坡取得均衡

安排自然式園區的均衡，首先以園區的主景作基點，再調整其餘的景物來達到全局的均衡。主景的景物分量較重，位置比規則式的變化多，雖然不像規則式的能夠以軸線和對稱部分作根據，仍較易取得均衡。處理景物的隱密均衡時，首要考慮的是藉植物團簇的大小和地形的高低。由於種植位置的調整一般比地形的挖填來得容易，所以配合原有地形進行植物團簇高低、大小、寬狹的擺布，是取得隱密均衡常用而有效的方法（圖17-19）。

㈣比例與尺度

造園景物各部分之間，部分和全體之間，在大小、長寬、高低等方面有著一定的關係，稱為比例。各種景物的比例關係良好的園景較能讓人感到優美悅目。例如一個種著矮性草花的花壇，用高大的灌木作背景，互相比較起來，花壇的草花顯得過矮，灌木顯得過高；如果更換較矮的小灌木，使花壇和背景看起來高低恰當，比例就較良好悅目。

對布局中景物的比例，一般是從它們形體大小、面積寬狹著眼。但是深入考慮，還是要及於景物不同的色彩、光與影、空疏和密集的部分、花朵和綠葉團簇等各方面的比例。它們處理的好壞將影響全園比例總的效果。

一些幾何形體所存在的比例關係，可以用數字的比率來表示。最

圖 17-19　隱密均衡

明顯的是長方形，它的長邊和短邊可以用各種長度互相配合，經證明以8比5的比率最悅目。橢圓形的長短軸也可以用這一比率來取得良好的比例。應用到造園設計，長方形的園地、花壇、草坪、水池，它們的長寬都可以這一比率來設計以求美觀。

「尺度」除了比例關係，還有勻稱、協調、平衡的審美要求，其中最重要的是聯繫到人的體形標準之間的關係，以及人所熟悉的大小關係。尺度與比例的定義很相近，都非數學公式，而是潛在的原則，兩者在設計時有些要點：

1.考慮合乎人體工學的尺度

造園設施一般以供人使用爲主。人體的平均坐高與小腿的平均長度決定園椅的高度。人體的平均足長、步長，決定臺階的寬度和庭園踏石的距離。人體的平均肩寬決定幾個人並肩而行的路寬。許多這一類的設計都須合乎人體工學的尺度。

2.功能和目的會改變不同的比例尺度

爲了表現雄偉，在建造宮殿、寺廟、教堂、紀念堂等都常常採取大的比例，有些部分超過人的生活尺度要求。借以表現建築的崇高而令人景仰，這是功能的需要遠離了生活的尺度。這種效果以後又被利用到公共建築、政治性建築、娛樂性建築和商業建築等，以達到各種不同的目的。

3.建築材料決定了比例關係

古埃及用條石建造宮殿，跨度受石材的限制，所以廊柱的間距很小；以後用磚結構建造拱券型式的房屋，室內空間很小而牆很厚；用木結構的長遠年代中，屋頂的變化才逐漸豐富起來；近代混凝土的崛起，一掃過去的許多局限性，突破了幾千年的老框框，園景建築也爲之豐富多采，造型上的比例關係也較不受限制。

4.植物配植影響比例關係

起初在窗前恰當地種一株灌木，過幾年成了龐然大物，打破了原來的比例關係，遮擋了光線，這種常有的事例應引起造園家的關注。

日本古典造園喜用體型小的常綠灌木及針葉樹。一方面力求生長緩慢，一方面用控制盆景的辦法常加修剪，相對地保持著比例適當的體型。中國自然式山水園，喬灌木由它自然生長，結果一些古老的園林大樹參天，藝術效果趨向於幽邃、隱蔽，附近的山與亭都顯得矮小了，如蘇州的留園，山巔的大銀杏就使旁邊的可亭顯得矮小了。所以植物在增長，比例關係也在變。

5.人工造景可突顯自然山水的比例

大山雖然滿布樹木，遠望時常讓遊人感到「遠山疑無樹」失去比例關係。能夠引起比例感的是山中的行人或橋、亭等建築物。「亭小顯山高」在風景區內必要的景點上，為了顯示山勢的高聳，可以建築小型的亭閣之類，相比之下更覺得山景巍峨，山勢磅礡（圖17-20）。

至於小水面欲使它稍有遼濶之感，也可以利用比例的關係。例如蘇州網師園池西邊的「月到風來亭」及與它銜接的廊，均比一般的亭廊稍矮一些。據說矮的目的是使人感到水面稍寬。這是一種不容易使人察覺的巧妙手法。

㈤韻律與節奏

詩詞中要有韻律，音樂中要求節奏，那是指兩者中可比成分連續不斷地交替出現而產生的美感。是多樣統一原則的引伸，已廣泛應用在建築、雕塑與造園設計中。「韻律感」有些是可見的，如兩個樹種交替使用的行道樹（圖17-21），還有些是不可見的，可比成分比較多，互相交替並不十分規則的情況下，其中的韻律感像一組管弦樂合奏的交響樂那樣難以捉摸。如山水花草樹木組成的風景就是如此。其中複

圖 17-20　比例

圖 17-21　韻律

雜的韻律感是十分含蓄的。

　　造園藝術的韻律十分複雜，設計者要從許多方面來探索韻律的產生，從而引起人們的韻律感。

　　1.植物配植的韻律

　　路旁的行道樹用一種或兩種以上植物的重複出現形成韻律。一種樹等距離排列稱爲「簡單韻律」，比較單調而裝飾效果不大；如果兩

種樹木，尤其是一種喬木及一種灌木相間排列就顯得活潑一些，稱爲「交替韻律」。如果三種植物或更多一些交替排列，會獲得更豐富的韻律感。人工修剪的綠籬可以剪成各種形式的變化，如方形起伏的城垛狀、弧形起伏的波浪狀，平直加上尖塔形、半圓形或球形等種類很多，這樣如同綠色的牆壁一樣，形成一種「形狀韻律」。在丹麥用山楂作綠籬，美國南部用一種法氏石楠作綠籬，前者秋季變紅，後者春季嫩梢紅色，隨季節發生色彩的韻律變化，稱爲「季相韻律」（圖17-22）。

花壇的形狀變化，其中還有植物內容的變化、色彩及排列紋樣的變化，結合起來是花園內最富有韻律感的布置。歐洲文藝復興時期，大面積使用圖案式花壇(parterre)，給人以強烈的韻律感。另外一種稱

圖 17-22　植物季相韻律（傅克昌先生提供）

爲「花境」(border)的，植物的種類不多，按高矮錯落作不規則的重複，花期按季節而此起彼落，全年欣賞不絕，其中高矮、色彩、季相都在交叉變化之中，如同一曲交響樂在演奏，韻律感十分豐富。

沿水邊種植垂柳、杜鵑花等，倒影成雙，也是一種重複出現，一虛一實形成韻律。一片林木，樹冠形成起伏的林冠線，與青天白雲相映，風起樹搖，林冠線隨風流動也是一種韻律。植物體葉片、花瓣、枝條的重複出現也是一種協調的韻律……，造園植物產生的豐富韻律取之不盡。

2.山水道路的韻律

山巒起伏，山的輪廓線在天空中劃出一組曲度近似的線條形成「漸變的韻律」，山石堆砌的藝術中講求統一中有變化，在同一方向的紋理重複出現中也顯得出韻律感。

中國傳統的鋪裝道路，常用幾種材料鋪成四方連續的圖案，一邊步遊，一邊享受這種道路鋪裝的韻律（圖 17-23）。

有高差的山坡，必要時開成一層層的平臺園(terrace garden)或用踏步形成的組合，人在登山的時候，每上 12-20 層踏步需要稍加休息，這裏留出 1～2 米長的平臺或放一條石凳，正如音樂中的「休止符」一樣。無論踏步寬狹，在設計上必須處理好「踏步→平臺→踏步」

圖 17-23　道路鋪裝之韻律

這個重複的規律，在效果上既方便遊人，又產生美好的韻律感。

　　大水面一平如鏡或水天一色，使人感到單調，但輕風拂來水面吹起漪漣，波紋細浪的出現立即產生韻律感。魚兒啃著水面的蓮葉，出現一圈圈的環紋向外擴散也是一種韻律。

　　3.造園建築的韻律

　　美國的哈姆林(T. Hamlin)認爲「中國建築的韻律內容豐富、巧妙而漸變」，仔細分析起來確實如此。如重複出現的屋檐、瓦當、斗栱，飛翹的檐角，門窗上的花格，曲廊的回折，欄杆的花紋……等等，既有條理又有含蓄的漸變，韻律感十分豐富。

　　4.整體布局的韻律

　　一個造園整體少不了山山水水，花草樹木及少量的休憩建築。這些景物都不是單獨出現的，既有重複出現而又不是呆板地相似重複，其中就有十分複雜而活潑的韻律。例如水景或水面的安排，自然式的造園可以將溪流與湖沼，作出各種曲折形狀的變化，形成有開有合，有寬有狹，有大有小的重複變化，比起單純的一泓池水要富於韻律。

　　以上簡單地介紹了產生韻律的幾個方面，西方的造園者都善於在整齊式的造園中表現韻律，實際上遊人一目了然反而乏味。東方式造園成功地在自然式中表現韻律，使人在不知不覺中得到體會，都認爲藝術性高而比較含蓄，這也正是耐人尋味的地方。

　　㈥**聯繫與分隔**

　　造園中的各個景物與景區都不是孤立的，相互間都要具有一定的聯繫，這種聯繫一種是有形的聯繫，如道路、廊、水系等交通上的相通。一種是無形的聯繫，如景觀上相互呼應，相互襯托、相互對比、相互對稱等，在空間構圖上造成一定藝術效果的聯繫關係。

　　造園在必要時需要分隔，分隔的目的有：

1.遮蔽不美觀的部分，所謂「俗則屏之」的處理辦法。

2.不同性質的空間應當設法分開或適當地保持一定距離。如靜態休憩區與運動區須分隔開。

3.在景觀上具有獨特的內容，也須分隔開以免與四周格格不入。

4.在創造封閉的空間時，要利用分隔的布局法。

5.有些特殊空間，不適於大量遊人進入，須分隔開以免受破壞。如苗圃或繁殖溫室、倉庫等。

三、色彩在造園上的應用

㈠色彩的基本原理

色彩乃由紅、黃、藍三原色變化而來，由其不同的組合而有形形色色的色彩。色彩可給予人類不同之感受，如暖色——紅、橙、黃、褐等，給予人溫暖、鮮明、明亮之感受。而寒色——藍、綠、青、灰等，則予人安靜、深遠的感受。而介於兩色調之間者為中性色，讓人感覺溫柔而和平。

㈡色彩的調和

造園上各種材料之色彩須適當配合，以求調和。依 H. M. Butterfield 氏之色輪（圖 17-24），可將色彩分成二大類的調和。

1.近似色調和

⑴單色調和

同一色澤以濃淡不同而調和者，如深紅色、紅色與淡紅色等。

⑵比鄰色調和

色輪中鄰近兩色配合而調和者，如紅色與紅橙色。

⑶隔鄰色調和

色輪中相隔兩色配合而調和者，如黃色與橙色，綠色與藍色。

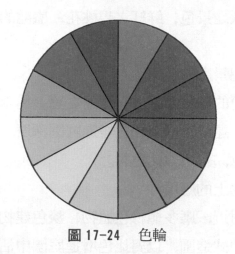

圖 17-24　色輪

2.對比色調和

(1)對色調和

色輪中完全相對兩色配合而調和者，如紅色與綠色，藍色與橙色。

(2)三對色調和

對色加上相鄰色而調和者，如紅色、綠色與黃橙色。

(3)三角色調和

色輪中三角形頂之三色配合而調和者，如紅色、藍色與黃色。

㈢色彩在造園上之應用

1.在花壇上的應用

毛氈花壇、混合花壇及邊境花壇較宜用近似色調和，如橙、黃、紅及紅、紫、藍等色相配。又如在遠處布置花壇時，以採用單色大塊表現方式，較易突顯效果。

2.在觀賞植物上的應用

綠蔭樹予人以祥和感，適於休憩。一般觀賞植物具有特有色彩，可以產生季節變化美。如雪白之梅花林，顯示多景；紅色之楓葉，黃

色之秋菊，現出秋之景色；鮮紅之碧桃花，盛開的各色杜鵑花，使庭園充滿春之氣息。

3.在庭園配景上的應用

草地為寒色的綠色，讓人有深遠之感。為求調和之設計，近景常以淺淡之色調；遠景可用調和色增進庭園深度，反之，欲引起遠處局部設計受人注意，可用對比色彩。

4.在建築物上的應用

紅磚建物附近，應多植綠色植物；淡色建物附近則宜栽色彩鮮艷之開花植物。中式造園，以對比色增進庭園中活潑生氣之感，如紅色亭閣之與濃綠樹群，紅牆之與綠瓦均是對比色之應用。

㈣色彩的錯覺運用

色彩因暖、寒色之變化，可給予人距離之錯覺。如欲使庭院有深遠之感覺，可在近處植深色或濃艷色的植物，而遠處採用淺色之植物。因暖色易引起視覺注意力，可使距離感縮短，如紅、橙、黃等色。寒色則讓人感到沉靜，引起之注意力有遠離感，如藍、青色。

四、錯覺的應用

㈠錯覺的現象

物體的大小、色澤、姿態等，在人眼所觀察的，常與原物的色彩及量的大小、外形發生差異，此種視覺上的錯誤，謂之錯覺。錯覺常作為設計上的一種手段，以使狹窄者錯覺成寬廣；反之，亦可令寬廣者錯覺成狹窄之感。以線方面而言，長者變短，短者變長。人眼的錯覺往往與視點、視界、視角、視距有關，在應用錯覺上，均應予考慮。

㈡錯覺在造園上之應用

1.透景

亦稱通景，即以眺望場所作起點，向眺望的主點透視之方法，透景常須技巧，自眺望的起點至主點之線，稱爲透景線或透視線。此線從兩側，將風景自起點至主點引伸之。在規則式庭園中，往往以主軸線作爲透視線，於此線內增設強調材料，如雕像、噴泉等。

2.借景

係將園外優美風景引入園內，作爲庭園美景之一部分，此即借景的手法。應合乎以下二原則：

(1)園外之物須與園內風景可相互調和者。

(2)其所眺望之景象與庭園本身之景色須融和,統一而不對立。可資利用之借景，包括天空雲霞，遠山近水，樹木森林及廟宇亭塔、飛鳥蟲草，甚至於達無所不借之境。運用時，宜疏植樹木，使於隱約

圖 17-25　借遠山之塔景入園

中望見園外自然美景（圖 17-25）。

3.線條之變化

垂直線令人產生崇高之感，故筆直之針葉樹林較闊葉樹林易產生深邃之感。而水平線使人有和平安靜之感，庭園中原野、草地、運動場及闊葉樹均為水平線之運用，可令園中有寬廣之感。中國庭園中假山之輪廓、水池邊緣與園路多採曲線，以增加庭園之寬敞，並可減少單調。直線在規律式庭園布置，可產生莊嚴整齊之感。

4.透影

行道樹每覺近者較高大，遠者較矮小；而道路近者較寬，遠者也感變窄。庭園以高大樹木植於近處，漸遠則用漸矮小樹木，則可增加深遠之感；反之，則覺距離短，庭園顯得較狹窄。

第三節　　造園的設施

造園的設施可提供觀賞、休養、娛樂、運動等多方面功能。設計施工前，所欲建造之園地，須先予調查及測量，再根據調查資料及實地測量所得地形作全盤性之計畫。

一、園地的選擇

㈠自然環境調查

1.面積及方位

實地測量或搜集有關基地之大小及地形、方位等資料。因面積與方位影響各種造園之設施配置並與栽植植物種類有密切關係（圖17-26）。

2.氣候調查

調查氣溫寒暖霜期、年平均氣溫、最高最低氣溫、風向風速、年雨量、日照等資料，以作為花木選擇及各種防禦設施之設置參考依據。

3.地形、地勢、土壤調查

地形、地勢條件包括江河、山岳、水流、池沼、濕地、草原、森林、平原、泉源等地形之地質與狀態，而土壤條件則包括土壤種類、構造、質地、性質及肥瘠狀況等，皆需瞭解並予調查以作為規劃設計之參考依據。

4.地上物現況調查

土地上有無建築物、岩石礦物、植栽、動物等。並作植栽種類與分布及動物生態之調查，以為選取造園材料及配置之重要參考依據。

圖 17-26　　園地調查及測量

(二)人文環境調查

1.目的

建造該園之目的，係供家人欣賞，招待賓客，或予開放。若目的尚未確立，則可就周圍環境調查已得資料分析，以斷定造園之目的；有時若遇中途變更，則原先確定之目的即宜加以調整，故計畫之目的需有主要與次要之別，俾便於確定造園之規模及設計樣式。

2.使用者

調查使用者之需要傾向與數年間可能的社區狀況，以及當時之政治、經濟、交通的動態變化。如為大公園設計需有專家協助，並有

社會心理學家、教育家、環境衛生家及其他政治、經濟和社會團體的
參與配合方可。若爲私人造園，則需調查業主家庭所有成員背景如年
齡、職業、生活習慣及建造庭園之需求與經費等。

　　3.法令上之限制者

　　務須遵守法律上對造園區域之限制，如都市計畫法、區域計畫
法、國家公園法、森林法、野生動物保護法、文化資產保存法等。

二、規劃與設計

㈠基地分析

　　首先瞭解基地之自然與人文環境各項資料後，即進行分析評估，
並調查基地周圍環境狀況以進行規劃設計。

㈡設計圖之繪製

　　造園之設計，應先測量園地，製成地形圖(等高線圖)，大面積測
定比例尺以 1／3000～1／6000；小面積則以 1／600～1／1200 之比
例尺爲佳。但對局部配置圖則以1／600以下，一般施工詳圖則以1／50
以下爲宜（圖 17-27）。

㈢施工圖說之製作

　　1.說明書及預算書

　　完成設計圖後，首先應撰寫說明書及預算書。說明書內容如下：

　　⑴工程名稱。

　　⑵工程地點。

　　⑶材料名稱、規格、數量。

　　⑷施工方法。

　　⑸設計圖及表冊。

　　⑹施工進度。

圖 17-27　規劃設計圖之製作

⑺完工日期。

　　預算書為詳細記載造園工程之全部費用，包括各種材料費、運費、工資、管理費、稅金及雜支等。

三、施工概要

㈠施工順序及方法

1.施工順序

　　造園設計圖樣、說明書及預算書，經雙方認可後，即可訂定契約，著手工程之施工。造園工程主要包括土工、植樹、鋪草、疊石，以及相關硬體設施、建築等。

　　一般造園之施工，大都自整地開始，然後即從事於土地之區劃與園路、水池等之施工，次爲建築物之建造及樹木之種植，然後栽植灌木、草本花卉，最後才爲草皮之鋪植。

　　大規模之造園，自開工以迄完工，所需時間，往往達數年之久，施工順序則稍有不同。觀賞植物與硬體結構建造無關者，宜先栽植，俾能早日成蔭。

2.施工方法

　　造園施工開始時，視需要而設臨時圍壁，圍壁可用竹片、木板或塑膠浪板、鐵皮等材料，開入口數處，以便搬運材料。然後按施工順序進行施工。

　　⑴整地

　　造園之施工，從整地開始，再從事土地之區劃、園路、水池、築山、岩石、溪流、瀑布等之構築及排水之設施。

　　⑵建築

　　整地完成後，開始從事建築工程，包括涼亭、噴泉、溫室、蔭棚、園舍、圍牆、雕像等設施。

　　⑶植樹

　　包括原有植栽之保留或砍伐、移植及栽植，先從大樹，再配植小樹、灌木及草本花卉。

　　⑷鋪草

　　草皮鋪設常爲造園施工上最終一項工程。但如草地位置不受其他建物或樹木種植影響，則可預先提早鋪設。

　　⑸完工

　　即是驗收前之整理工作。如建築物及周圍之灑掃，道路之清理，花木之修剪及園內全部之清理等。

㈡**驗收與維護**

一般植株栽植後，僅視爲初驗合格，其後之半年爲養護期，養護工作包括施肥、補植及日常之養護。在養護期第 90 天及第 150 天應全面施肥 1 次，以速效性肥料爲宜。補植工作則應於養護期滿前 30 天完成。養護期結束後，經檢驗合格後才算完成驗收。

維護工作於養護期由施工人員負責，驗收後則由園方負責，包括澆水、除草、病蟲害防治、整枝修剪及施肥。

四、局部設施

造園之局部設施包括園門、園垣、園路、園亭、園橋等，另外如水池、噴泉、壁泉、瀑布等水景設施則於下節說明。

㈠**園門**

1.園門之作用

園門常設於庭園之進口，或爲局部之入口處，門口與外面之連絡道路的地平線高差應予考量，若供車輛通行之車道入口，則不宜有高差，若供行人之步道（遊園步道）入口則可作成階差，以具變化。

園門用在住宅庭園時，除供出入外，更爲安全之屏障，故以堅實美觀爲主；而城市公園或公衆庭園，雖非一定有園門之設置，但若因收費或管理上之需要而設置園門時，其對庭園美觀上影響至鉅，故於設計園門之先必予愼重考慮。

2.園門之種類

人工材料的應用有鐵門、不鏽鋼門、銅門、水泥門、木門等。水泥門有清水磚、美術磚、磁磚、馬賽克、水泥粉光、磨石子及洗石子等（圖 17-28）。自然材料的應用有石門、木竹門及綠門等。石門有岩石、石片、塊石及自然石等。木竹門有木板、木塊、製材原木，竹、

圖 17-28　園門（傅克昌先生提供）

竹片、竹梢及茅草等。綠門有綠籬門及栽植門等（圖17-29）。

　　一般而言，人工材料較具規模，多應用於西洋的規則式庭園中。其優點為堅固、整齊，但材質感較冷硬呆板，為其缺點。自然材料多變化而富生機，適用於一般庭園，尤其以東洋的自然式庭園中，更能表現出優雅的情趣。自然材料為有機物質，故在維護上較人工材料多費心神。現代造園為達到經濟發揮最大效果，多利用造園基地之環境作合理之材料應用。

　　3.園門之結構

　　門可分為門柱及門身二大部分。門柱為園垣之一部分，因與門之關係較為密切，故設施時，應視為門之一部分。門身有單扇、雙扇及多扇之分，又有推門、拉門及轉門之別。其形式有格子門，可透視園內，且門身堅固耐用，門柱上可置花鉢或雕像。有時也可以棚架或

圖 17-29　綠門（傅克昌先生提供）

綠籬拱門代替。園門之寬度自 1～6 公尺不等，高度普通為 2～3 公尺左右。為增加園門之實用價值，在設計時尚需考慮門鈴、門燈、郵筒及門眼等附屬品之添置。

　　門之設計式樣、材料、顏色、高度、寬度，皆應與整個庭園、園垣或房舍相配合；在宏偉莊嚴之西方古代庭園前，常以高大石柱及鐵門為園門；在富於自然趣味之庭園中，可用拱門架、月門或植物剪成門形，以增添其變化。

　　㈡園垣

　　1.園垣之功用

　　園垣為範圍境界，在公園及大面積之自然式庭園、散步園地等，常不設牆垣為界，其他一般庭園，常用牆垣圍繞之。園垣之功能為：

　　　(1)區劃與隔離

確定庭園之界線，與外界有明確劃分，並可作為園區中動態區與靜態區之劃分，使靜態區避免動態區之干擾，而以園垣隔離之。

⑵隱蔽

對園景產生不美之部分，如廁所、廚房、堆積場、工人房，以及園外不良景觀之處，均以園垣隱蔽之。

⑶扶持與裝飾

蔓性花木攀援生長，依靠牆垣扶直持正繁殖；園垣亦為庭園中景色之重要點綴物。

2.園垣之種類

⑴圍牆

即普通用於庭院邊境的圍牆，主要功能在於保護與保安，使庭園與外界隔離，其高度約 2 公尺。依使用材料的不同可分為鐵柵牆、空心牆、石牆、磚牆、土牆等。

⑵短牆

短牆即垣，其主要功用在裝飾、區劃、防護及隔離之用。高度一般不超過 1.4 公尺，材料與圍牆相似，由於美觀重於實用，故在花紋色彩及形式上多求變化，常以燒製特有的磚瓦合成各型圖案，頗富趣味，在路邊、園舍、陽臺、階梯、邊境等均可設置。

⑶柵籬

以金屬或竹木編成多孔性圍牆，主要功能在保安與維護，亦有隔離、掩飾、裝飾的作用（圖 17-30）。柵籬的設定應注意其堅固耐用，尤其基部應以混凝土做成基礎為佳。若柵籬上以蔓性花木攀繞，可增進美化效果。

⑷欄杆

主要用途在分隔、裝飾、保護、依托等。其材料有竹、木與

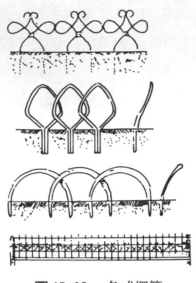

圖 17-30 各式柵籬

金屬等，高度不超過 1 公尺爲原則，在圖案設計上應與庭園環境相配合。可配置於邊境、綠廊、涼亭、路邊、陽臺、臺階等處。

(5)花柵

以金屬或竹木編成，專用於保護及裝飾花壇、紀念碑或雕像四周邊境等，故設計上應以美觀爲重，高度在 0.8 公尺以內。

(6)綠籬

種植短小灌木，使成一定形狀的圍籬，具有隔離、阻斷、分界之功能，在庭園布置上最具自然性之園垣。一般常見的綠籬植物有木槿、扶桑、仙丹花、七里香、錫蘭葉下珠、鐵莧、金露花、炮仗花、九重葛、圓柏等，較高大者可用臺灣海桐、龍柏、羅漢松、竹子、黃椰子等爲樹籬（圖 17-31）。

㈢園路

園路的主要功能在於聯絡園內各部，以區劃園區，並兼具裝飾美化之用，其種類及配置如下：

圖 17-31　綠籬——七里香（前）龍柏（後）（傅克昌先生提供）

1.人工材料

(1)水泥路

包括水泥粉光、水泥凝石片、水泥磚、柏油、磚瓦、磁磚、馬賽克等（圖 17-32）。

(2)特殊物路

指一般造園基地所生產之加工產物，而能耐風吹雨打及安全性，如煤渣、磚土碎片、橡皮、塑膠等。

2.自然材料

(1)石土路

包括有石塊、石片、卵石、黃土路等。

(2)木竹路

包括有木塊、木屑、樹木、竹等。

圖 17-32　各式磚路

(3)芝草路

包括苔蘚及芝草路。

㈣園亭

園亭為我國庭園建築上的特色，可做為蔽蔭、乘涼、瞭望與點綴園景之用（圖 17-33、17-34）。

1.園亭之種類及功用

(1)依形狀而分

a.涼亭：有屋頂但四周無牆壁者。

b.亭閣：有屋頂且四周有牆壁者。

c.樓亭：外形如房子，而有兩層以上者。

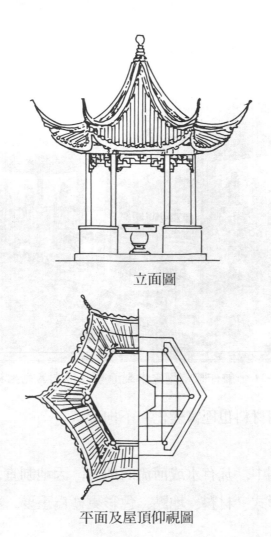

立面圖

平面及屋頂仰視圖

圖 17-33 六角亭之立面、平面及屋頂仰視圖

(2)依亭柱而分

　　單柱者稱傘亭，其餘按柱數而構成角亭者有四角亭、六角亭、八角亭等。

　　2.園亭之選擇

　　中國式涼亭，極適合自然式公園。單柱傘頂則可適用於私人庭園，此外現代式涼亭，則抽象成圓盤形、菌蕈形或其他幾何形，裝飾

圖 17-34　兼作瞭望臺之木製涼亭（傅克昌先生提供）

趣味濃厚。所用材料也極富變化，不拘形式。

　　㈤園橋

　　在自然庭園中，凡有水或河流的地方，因地制宜，可能需設置橋樑，而園橋的形式、材料、地點、色彩更極為重要，必須與園景相調和。

　　園橋的形式與材料，以保持自然為原則，依其材料及形式分為石橋、木橋、板橋、水泥橋、鐵橋、拱橋、曲橋及吊橋等（圖 17-35、17-36）。

　　園橋之設置須與湖、池之面積或溪谷大小相調和，切勿為設橋而設，強行分割水面，造成原有景觀之破壞，而應實用與美觀兼顧。

圖 17-35　　木棧橋（傅克昌先生提供）

圖 17-36　　可愛的小拱橋（傅克昌先生提供）

第四節　觀賞植物種植與設計

一、草坪

㈠定義

草坪亦稱爲草地或草皮，一般多由人工鋪植草皮或用種子培養的方式，形成一片綠色地毯。草坪通常以禾本科多年生草本植物爲主體（圖 17-37）。

㈡功能

1.淨化空氣，大量吸收 CO_2 及殺死細菌，創造清新空氣。1 公頃的草坪每晝夜可釋放 O_2 600 公斤，如果每人平均有 25 平方公尺草

圖 17-37　草坪（傅克昌先生提供）

坪，就能把呼出的 CO_2 吸收掉。

2.減少塵埃、淨化水質、吸收有害氣體。草坪葉片上的絨毛，可吸附飄塵和粉塵。也可吸收有害氣體，如氯化氫、二氧化硫、氧化鐵等。

3.保持水土、防止流失：在坡地、河岸、水溝等處，種植草坡覆蓋，不但能減緩雨水下衝的速度，而且可以截流降落的雨水。

4.調節溫度：夏季的草坪能降低氣溫 3°～5.5℃，冬季時，則能提升氣溫 6°～6.5℃。

5.吸收聲流、減少噪音：只要 40 m 寬的綠地，就可以降低 10～15 分貝的噪音，對消除噪音，有很大的成效。

6.和緩陽光輻射，減少眩光，尤其在強烈的陽光下，草坪對人的眼睛有極大的幫助。

7.創造賞心悅目的環境：草坪常用以美化環境，看到綠色，可讓人產生和平、希望、久遠的情感，並可增加廣大的感覺。見到草坪，可使人心情開朗、舒暢，消除疲勞。

8.可用以突顯目標：草坪與建築物、花壇、道路、景石、雕塑……等搭配，可以突顯目標。

9.提供舒適安全的活動空間：大面積的草坪常可作為遊憩與休閒的空間。如運動場、滑草場、高爾夫球場等。

㈢臺灣常用草種

1.韓國草

又名高麗芝、朝鮮結縷草。多年生禾草，具有發達的匍匐地下莖，葉寬約 0.1～0.15 公分，長 2～5.5 公分，是過去本省庭園綠化最常用的草種。其性喜溫暖，在低溫時易呈現休眠的枯黃現象。耐陰性較低，喜潮濕。

2.臺北草

又名馬尼拉芝。多年生禾草，具有發達的匍匐地下莖，葉寬約
0.2～0.3公分，是近年本省庭園使用最多的草種。其質感較韓國草略
粗，觸感較韓國草佳，近年在本省庭園應用上已有取代韓國草之勢(圖
17-38)。

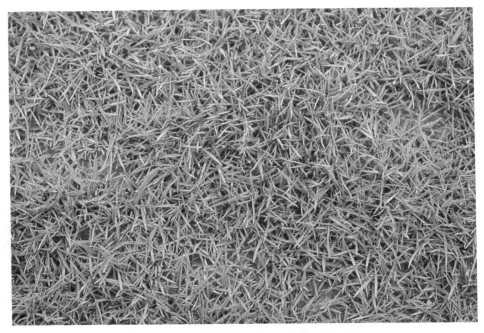

圖 17-38　臺北草（傅克昌先生提供）

3.百慕達草

又名狗牙根、鐵線草（圖 17-39）。多年生禾草，其匍匐莖具較
長的節間，蔓延甚快，爲本省重要的快速綠化草種。葉寬 0.2～0.3公
分。具有不同的品系：

(1)普通百慕達草

喜歡溫暖的氣候，抗寒性差，早春生長勢恢復快，對於土壤
之選擇不嚴格。耐蔭性差，具中等的抗旱性，耐踐踏及修剪。

圖17-39 百慕達草（傅克昌先生提供）

(2)U—3百慕達草

可以形成較緊密的草皮，耐寒性較強，耐旱性強，但蔓延較緩。

(3) Sunturf 百慕達草

較普通百慕達草之節間短，可形成更緊密的草皮。十分耐寒，在秋天仍保持部分靑綠色，易感染銹病。

(4) Tifgreen 百慕達草(Tifton 328)

可形成質感非常細緻的草皮，耐低割，抗病及抗寒性強，多種植在高爾夫球場菓嶺上。

(5) Tiflawn 百慕達草(Tifton 57)

生長勢很強，葉色深綠，抗蟲、抗病強，抗旱性強，具有中等的耐寒性。

(6) Tifway 百慕達草(Tifton 419)

葉細節短，耐低割，可形成質感非常細緻的草皮，深綠色，耐寒性強，適合用於高爾夫球場的球道上種植。

4.地毯草

多年生禾草，株高5～20公分，具有扁平之匍匐莖。葉寬1.2～1.6公分，深綠色，表面光滑、葉緣有微毛可形成粗質感的草坪。其性喜高溫多濕，耐寒性差，氣溫降至 20℃以下時，葉片變爲紫紅色，呈現休眠狀態。極耐遮蔭，爲成林果園下良好的地被植物。匍匐性強，耐低割，不耐踐踏。

5.類地毯草

多年生禾草，株高 5～25 公分，具紫紅色貼於地面之匍匐莖。葉寬 0.4～0.8公分，深綠色。性喜溫暖潮濕，較其他草類耐潮濕，但不適宜沼澤生長。耐寒性強，唯冬季葉梢出現明顯的紫紅色。喜全日照或些微遮蔭，耐踐踏及低割。

6.假儉草

又名小牛鞭草。多年生禾草，株高 2～10 公分，具紫紅色或綠色之匍匐莖。葉寬 0.3～0.4 公分，葉色深綠。性喜溫暖，低溫下生長亦佳。耐旱性強，耐酸性亦強。又可在貧瘠地生長，故也稱「窮人草」。具有中等的耐蔭性。

7.奧古斯丁草

又名鈍葉草。多年生禾草，株高 5～20 公分，具粗壯、紫紅色之匍匐莖。葉寬 0.6～0.9 公分，葉端鈍形，藍綠色。性喜溫暖潮濕，耐蔭性強，爲大樹下草坪的重要草種。耐鹼性強，爲海邊防沖及定砂的優良植物。耐踐踏低割。本草種的另一園藝栽培變種，葉子具有白色或淡黃色條紋，稱爲「條紋鈍葉草」，兩者習性相似。

8.兩耳草

又名毛穎雀稗、大板草。多年生禾草，株高 5～35 公分，具發達之匍匐莖，節間長 4～8 公分，繁殖蔓延快，常可形成大群落，葉片寬約 0.9～1.4 公分，葉色呈淡綠。性喜溫暖潮濕，是本省平地及低海拔地區自然草坪的主要草種。耐旱性強，在旱季時，葉色常呈現紫紅色。耐蔭性強，為林下重要的地被植物，耐修剪，耐踐踏。

㈣草坪構成法

庭園不論大小，最後施工者為草坪，而不論草坪的構成採用何種方法，首先皆應經過整地的工作。表土在深 15～20 公分處的雜草根株及石礫等雜物，都應全部去除(雜草清除最好在草種種植前 4 週施行)；耕鋤鬆軟，繼行耙平；並需注意排水面，在排水不良之處，應於草坪周圍適當之處，開暗渠或明渠以利排水。土壤 pH 值，亦應行調查，調整成中性為佳。土質不良者，應客土，加堆肥(每平方公尺 1～3 公斤) 及高磷性複合肥料 (目前常用臺肥43號複合肥料每平方公尺 0.05～0.1 公斤)。整地時最好能同時埋設灌溉設施。整地後將地表壓實整理成均勻的平面再充分澆水，使不均勻的地表顯露出來以便加以整平。種植前 2 週，地表均應充分澆水，誘使客土內雜草種子萌芽，再以殺草劑防治。構成草坪時種植草種的方法大致可分為播種法和草塊、草毯法及撒莖法：

1.播種法

即以種子實生繁殖。播種法又可分徒手播種、播種機撒播、噴種機噴種(通常用於斜坡陡壁，加粘著劑用噴種機噴著於地表)、草種地毯法 (將種子夾附於棉紙或廢棉紗加工製成地毯狀。種植時將草種地毯鋪於地表)。無論那一種方法，播種時應務求均勻一致，播種後要充分澆水保持土壤濕潤以利種子發芽。播種應注意下列事項：

⑴播種均勻

一般家庭均缺乏播種工具，只能以徒手播種。徒手播種常因缺乏經驗以致無法播得均勻。可將種子混合大量的細砂(約 5～10 倍)來撒播則可獲致均勻效果。

⑵種子品質

購買種子應找信用可靠的種子商購買。通常販賣草種子的種子商需屯積大量的草種子，若無特殊儲存設備，種子容易喪失發芽率。一些不肖商人便將這些品質不良的種子賤價出售，因此購買種子時切勿因價格便宜而購買，應先詢問種子之保證發芽率及純度才可購買。

⑶播種量

每種草種子的大小均不一定，每單位面積內的種子量也不一。播種量除受品種限制外，尚需考慮草坪之用途。百慕達草若用於山坡地水土保持，則每公斤可播 30～50 坪，若用於庭園則草質應力求柔軟細緻，播種量則每公斤播 10～20 坪。

⑷注意螞蟻搬食

有些草種子播下後易遭螞蟻搬食，造成撒播不均或草種不足，影響草坪品質，因此在播種後當天即應檢視是否有蟻害，並以殺蟻劑殺除之。

2.草塊、草毯法

⑴草塊法

此法在國內常用於韓國草和臺北草。種植時只需將已培植好的草塊按所需方式，平鋪於整地完的地表，草塊間隙再用細砂填平(圖17-40)。常用鋪設方式可分：A.滿鋪。B.鬆鋪。C.交互稀鋪。D.條鋪等四種 (圖 17-41)。

⑵草毯法

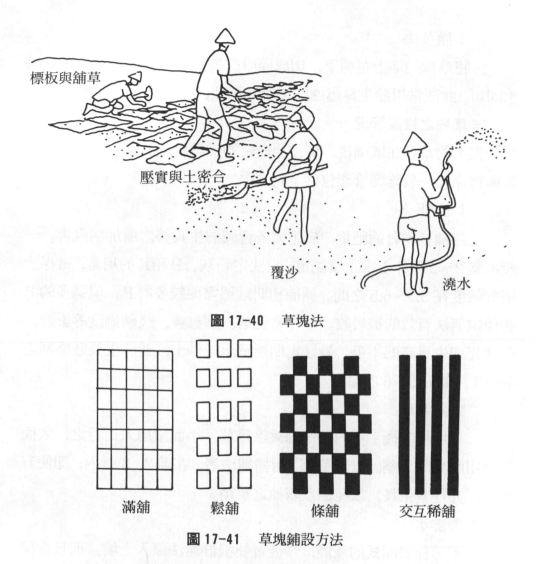

標板與舖草

壓實與土密合

覆沙

澆水

圖 17-40　草塊法

滿舖　　鬆舖　　條舖　　交互稀舖

圖 17-41　草塊鋪設方法

　　即將草坪苗圃的草皮挖出捲成地毯狀，至工地整捲鋪如地毯即可。此法在國內因土地有限且需特殊採收設備，較少見到。近年來國內較常用的類似產品是將草種子播於廢棉紗上，發芽後捲成草毯運至工地再鋪植。此法雖便捷，但廢棉紗在地表卻會形成不透水層，在旱季時會影響草坪未來的發育。較理想的產品是用易腐爛的有機物材料取代棉紗，施工時也可直接用含種子的草毯在現場鋪植以養成草坪。

3.撒莖法

將草種的地上莖剪下，切成碎段撒播於地表再稍微覆土充分澆水即可。此法常用於生長迅速的匍匐性草種，如百慕達草或假儉草。

㈤草坪之維護管理

優美的草坪在成園後，更需要縝密的維護管理計畫才能永保其品質與壽命。一般維護管理包括下列事項：

1.施肥

每種草均有適肥量，施肥太多會減弱生長勢，增加病蟲害。一般每隔 2～3 年作 1 次土壤測定，以決定石灰、P 和 K 的用量，確保土壤酸鹼度在 5.5～6.5 之間。種植初期雖然需要較多的 P，但過多的 P 會使鐵無法有效的被吸收。草坪常受雨、病蟲害、踐踏過度等影響，而枯死或生長高低不平，最好定期補肥土或砂土，並於生長旺盛期之 3～10 月間施 5～6 次追肥。

2.除雜草

草坪構成後 1 年內應仔細挑除雜草，小面積用人工行之，大面積可用闊葉除草劑除去闊葉草。用播種法者，在前 2、3 月內，即使有雜草，亦任其生長，以免傷及栽植之草苗。

3.澆水

不可作表面式的淺澆，淺澆會使根群無法深入土壤，而且會促進雜草種子發芽和生長。在旱季澆水每週至少 2 次，每次澆水量至少 2.5～3 公分，且最好再配合定期鬆土的工作，這樣水分才能深入土壤 20 公分以上。澆水應在清晨黎明前最佳，因此時水壓最高且蒸散速率及風速最小，最能有效的充分澆水。澆水次數並不一定，完全視土壤的乾濕程度而決定。

4.修剪

修剪包括「剪茸」及定期修剪。有些草種的匍匐莖在表土四處擴散蔓延，而這些草莖的表面有一層蠟質，使它不易腐爛。如施肥過多，很容易蔓生匍匐莖，而死掉的莖比爛掉的還快，便會在土表的草皮之間形成堆積層，此謂之「茸草」。茸草太厚會阻礙空氣、水分和肥料進入土壤，因而減弱了草坪生長勢，偶而也會畜養病害和蟲害。農藥被茸草吸收後，使得防治效果減弱，因此茸草太厚時就應剪茸。在草皮表面稍微加些石灰，有利於茸草中的腐生菌活動或減少施肥均是控制茸草的最佳方式。

一般的定期修剪，其修剪高度及次數以草種的用途和生長速度而定。勤於修剪可使草質保持細嫩如地毯，疏於修剪，草質即老化粗糙、壽命減短，影響草坪品質。剪草機如不夠鋒利，寧勿剪草，此反而會使草質受損。

5.病蟲防治

草坪病害較少，蟲害較多。土壤中之蚯蚓、金龜子幼蟲、夜盜蟲幼蟲，常齧食草根，應以除蟲劑防治。若有病害，宜先採取病害樣品，請專家鑑定後再對症下藥，有些病因只是生理性疾病，則不需施藥。

6.更新方法

草坪經過5、6年後，土壤酸化，土壤締固；地上部分漸見衰老，顏色不鮮綠，枯黃者多；地下部擁擠，生長不好，即應行更新。如可用鋪設法之品種，可將上層草皮挖出，除去下部老根，重新加肥土鋪設之；如係播種，可分局部補播，及全部新播以更新之。

二、花壇、花境、花叢

㈠定義

1.造園時爲了獲得美化的效果，往往選擇觀花類和部分觀葉類花卉植物，進行密布性露地種植。當種植成規則式，圍成幾何形狀時，就稱之爲花壇（圖17-42）。

圖17-42 花壇（林雲鵬先生提供）

2.種植成自然式，圍成之邊線爲平行直線或曲線時，一般就稱之爲花境。

3.種植成自然式，圍成之邊線爲任意線型時，就稱爲花叢。

㈡花壇

花壇是在植床內對觀賞花卉作規則式種植的植物配植方式及其花卉群體的總稱。花壇內種植的觀賞花卉一般都有兩種以上，以它們的花或葉的不同色彩構成美麗的圖案。也有只種1種花卉，以突出其色彩之美的，但必須有其他植物（如草地）相比較。

花壇是以活的植物組合而成的裝飾性圖案，在造園中往往收到畫

龍點睛的作用，應用十分普遍。大多設置在道路交叉點、廣場、庭園、大門前的重點地區。

1.花壇的類型

以其植床的形狀可分爲：圓形的、方形的、多邊的花壇等。

以其種植花卉所要表現的主題來分，可分爲：單色花壇、紋樣花壇、標題式花壇等。

以其觀賞長短來分，可分爲：季節性、半永久性的和永久性的花壇3個類型。

但通常按其在造園中的地位來區分。

(1)獨立花壇

獨立花壇是作爲造園的局部構圖而設置的。一般都處於綠地的中心地位。其特點是它的平面形狀是對稱的幾何圖形，不是軸對稱，就是輻射對稱。其平面形狀可以是圓形、方形、多邊形。但長方形的長寬比以不大於2.5：1爲宜。獨立花壇的面積也不宜過大，單邊長度在7公尺以內，否則遠離視點處的色彩會模糊暗淡。花壇內不設道路，是封閉式的。獨立花壇可以設置在平地上，也可以設置在斜坡上，在坡面上的花壇由於便於欣賞而倍受靑睞。

獨立花壇可以有各種各樣的表現主題。其中心點往往有特殊的處理方法，有時用形態規整或人工修剪的喬灌木，有時用立體花飾，有時也用雕塑爲中心等等。

(2)組群花壇

由多個花壇組成1個統一整體布局的花壇群，稱爲組群花壇。組群花壇的布局是規則對稱的，其中心部分，可以是1個獨立花壇，也可以是水池、噴泉、紀念碑、雕塑，但其平面形狀總是對稱的，而其餘各個花壇本身，就不一定是對稱的。

各個花壇之間，不是草坪，就是鋪面。各個花壇之間可供遊人觀賞，有時還設立座椅供人們休息和靜觀花壇美景。

組群花壇的各個花壇可以全部是單色花壇，也可以是紋樣花壇或標題花壇，而每個花壇的色彩、紋樣、主題可以不相同，但不要忘記其整體統一和對稱性，否則會顯得雜亂無章失去美感。

組群花壇適宜於大面積廣場的中央、大型公共建築前的場地之中或是規則式造園的中心部位。

(3)帶狀花壇

長度為寬度 3 倍以上的長形花壇稱為帶狀花壇。常設置於人行道兩側、建築物牆邊、廣場邊界、草地的邊緣，既用來裝飾，又用以限定疆界與區域。

帶狀花壇可以是單色、紋樣和標題的，但在一般情況下，總是連續布局，分段重複的。

(4)連續花壇

在帶狀地帶設立花壇時，由於交通、地勢、美觀等緣故，不可能把帶狀花壇設計為過大的長寬比或無限長。因此，往往分段設立長短不一的花壇，可能有圓形的、正方形的、長方形的、菱形的、多邊形的。這許多個各自分設的花壇成直線或規則弧線排列成一線，組成有規則的整體時，就稱為連續花壇。同樣，這些分設的單個花壇可以是單色、紋樣、標題的。一般用形狀或主題不一樣的 2、3 種單個花壇來交替變換。在韻律上，有反覆變換和交替變換兩種方式。

連續花壇除在林蔭道和廣場周邊或草地邊緣佈置外，還設置在兩側有臺階的斜坡中央，其各個花壇可以是斜面的，也可以是各自標高不等的階梯狀。

2.花壇設置原則和要點

(1)花壇布置要和環境統一

花壇是造園中的景物之一，其形狀、大小、高低等應與環境有一定的統一性，例如在自然式造園中就不適合設置花壇。花壇的平面形狀要與所處地域的形狀大致一樣，例如狹長形基地上設一圓形獨立花壇就顯得不統一。一般情況下，所要裝飾的基地是圓形的，花壇也宜圓形或正方形、多邊形，基地是方形的，花壇也宜用方形或菱形的。

花壇的面積和所處基地面積的比例關係，一般不大於1/3，也不小於1／15。確切數字還要受環境的功能因素所影響，如地處交通要道，遊人密度大，就小些，反之就大些。

(2)花壇要強調對比

花壇在造園中的主要功能就是裝飾、美化。其裝飾性，一是平面上的幾何圖形的裝飾性，二是絢麗色彩的裝飾性。在空曠草坪中設一獨立花壇，主要是色彩裝飾，不能再在其中栽植綠色植物，而要選擇與綠色有一定對比的色彩，才能實現設置該花壇的目的。

在紋樣花壇內部各色彩因素的選擇時，在組群花壇中各單色花壇的配置時，更要注意對比，否則就沒有花壇的裝飾性存在。

(3)要符合視覺原理

人的視線與身體垂直線所成夾角不同時，視線距離變化很大，從視物清晰到看不清色彩的情況有一個範圍。當人眼高度為1.6公尺時，不同的夾角有不同的視距線長。當人的視線與身體夾角在70°，亦即視線距為4.7公尺時，尚能有清晰的分辨力，超過這一角度外的花色紋樣就會模糊不清。紋樣花壇，其面積不宜太大，其短軸不要超過9公尺。在這個花壇邊，遊人轉一圈，就能清晰看清兩側和中心部分的所有紋樣圖案了。因在一側時就能清晰看清所處一側的一半，到另一側

又能看清另一半。

　　　圖案簡單的花壇，如單色花壇，面積就可以大些，單邊長度可達 15 公尺，也可以使中間部分簡單粗獷些，邊緣 4.5 公尺範圍內的圖案則精細一些。

　　　為了清晰見到眞正不變形的平面圖案或紋樣，除了高處俯視以外，對直立的遊人而言，最佳的辦法是把紋樣花壇設置在斜面上，斜面的傾斜角越大，圖形變形就越小。如傾斜角成 60°，花壇上緣高 1.2 公尺以內時，對一般高度的人而言，就有不變形的清晰紋樣。但是，種植土和植物都有重量，當傾斜時，會有下滑和墜落的危險，所以，在實際施工時，一般將傾斜角設定爲 30°，也就可以了。

　　　同一道理，常把獨立花壇的中點擡高，四邊降低，把植株修剪或擺設爲饅頭形，以取得各個觀賞面有良好視角的效果。當然，也有把花壇處理爲主觀賞面一面傾斜的。但如果把花壇處理成四周高，中間低，就不符合視覺原理了。

　　　⑷要符合地理、季節條件和養護管理方面的要求

　　　花壇要有優美的裝飾效果，不能離開地理位置的條件。在溫帶不易做到花壇是四季美觀的，但在亞熱帶的本省，只要謹慎選擇出某些花卉，就能實現 1 年四季保持美觀，成爲永久性花壇。一般而言，如果要保持一個花壇四季不失其效用，就要做出 1 年內不同季節的配植計畫，這個計畫必須包括每 1 期的施工圖，以及花卉的育苗計畫。

　　　花壇要表現的美中有平面的圖形美，因此不能太高，太高了就看不清楚。但爲了避免遊人踐踏，並有利於床內排水，花壇的種植床一般應高出地面 10 公分左右。爲使植株床內高出地面的泥土不致流散而污染地面或草坪，也爲種植床有明顯的輪廓線，因此要用邊緣石將植床加以定界。邊緣石離外地坪的高度一般爲 15 公分左右，大型花

壇，可以高達 30 公分。種植床內土面應低於邊緣石頂面 3 公分。邊緣石的厚度一般在 10～12 公分內，主要依據花壇面積大小而定，比例要適度，也要顧及建築材料的性質。

邊緣石可以用不同材料，但有一點卻要注意，就是與花壇功能的表現要一致，花壇爲美花而設，其邊緣石就應該素雅淡清一些，否則就可能喧賓奪主。

種植床內的土層厚度，視其所配植的花卉品種而定，一般花卉 20～30 公分即可，多年生花卉及灌木花卉要有 40 公分左右。土壤不可含過多的雜物，尤其是建築廢料，免使花壇日後保養困難。

一些經常輪換花卉的花壇，可直接利用盆花（或袋裝花）來布置。這樣，既能夠機動靈活地隨時輪換，也比較節省勞力、經費和時間，效果也比較好，因爲這些盆花不存在傷根和再恢復的不雅狀態（圖 17-43）。

3.花壇花卉的選擇

主要是從兩方面來考慮：

⑴花壇類型和觀賞特點

當花壇是單色花壇時，一般表現某種花卉群體的艷麗色彩，因此，選植的花卉必須開花期一致，開花繁茂，花期較長，植株花枝高度一致，分枝較多。要求鮮花盛開時但見花朵不見枝葉。那些葉大花小，葉多花少，或花枝參差不齊的花卉就不宜選用。

如花壇屬紋樣花壇或標題式花壇，爲了維持紋樣的不變，獲得其應有的裝飾美，就要求配植的花卉最好是生長緩慢的多年生植物，植株生長低矮，葉片細小，分枝要密，還要有較強的萌蘗性，以耐經常性的修剪（圖 17-44）。如果是觀花花卉，要求花小而多。由於觀葉植物觀賞期長，可以隨時修剪，因此，紋樣花壇或標題式花壇，一般

圖 17-43　　草本花壇（傅克昌先生提供）

多用觀葉植物布置。標題花壇其實是紋樣花壇的形式，只是使紋樣具有明確的文字、標誌、肖像或時間數字而已。

　　⑵花卉觀賞期與其長短

　　　　由於裝飾性花壇有明顯的目的性，比如某一節慶日的環境裝飾和氣氛烘托，這就要嚴格選擇花卉的觀賞期。同一種花卉，在各地可能有不同的開花期，應詳細的調查研究建立資料參考。當然，我們也可以用催花的方法，在一定限度內調節其開花期的先後，以滿足特定日期、特定目的的需要。

　　　　花壇在種植材料和技術要求上都比較嚴格，花費較大，若從經濟上考量，永久性花壇要比季節性、短時性花壇要好。所以一般能以較少的人力物力投入而又能發揮花壇功能的品種就較為理想。如果觀賞期短，但繁殖容易、管理簡便，或者具有特殊色彩效果的也常被

圖 17-44　花壇局部（傅克昌先生提供）

選用。

㈢花境

花境是造園中一種較特殊的種植形式。它有固定的植床，其長向邊線是平行的直線或曲線。但是，其植床內種植的花卉（包括花灌木）以多年生爲主，其布置是自然式的，花卉品種可以是單一的，也可以是混交的。

花境所表現的是花卉本身的自然美，這種美，包括它破土出芽，嫩葉薄綠，花梢初露，鮮花綻開，結果枯萎等各期景觀和季相變換，同時也表現觀賞花卉自然組合的群落美。

花境是介於規則式布置和自然式布置之間的種植形式。其基本功能不是綠化而是美化，是點綴裝飾。它的範圍是固定的，有明顯的邊界線，而且往往用終年常綠的植物鑲邊加以限界和強調。其植床的寬

度，一般在 3～8 公尺內選定。單面觀賞的窄些，雙面觀賞的寬些。

與花壇不同，花境的種植床一般不高出地面，爲了排水，只要求其中間高出邊界，求得 2～4％的排水坡度即可，土壤要求不嚴。此外，在一般情況下，花境需要有背景來襯托，可以是白色或其他素色的牆，可以是綠色樹林或草地，最理想的是常綠灌木修剪而成的綠籬和樹牆。花境和背景之間，可以有一定的距離。

花境花卉的選擇由於和花壇功能不一樣，主要是展現花卉立體美，因此，在花壇中很合適的，如松葉牡丹、三色菫、紅綠莧等花卉就不宜在花境中種植。而花朵碩大，花序垂直分布的高大花卉，如玫瑰、蜀葵、美人蕉、百合、唐菖蒲，在花境內種植就非常理想。

由於花境內的花卉，一般爲多年生的，種植量也較大，爲了節省養護管理費用，應選擇適合本地生長的品種，且要能一年四季都可以觀賞的。以選擇花和葉都可欣賞且花期長的花卉種在花境中爲宜。

㈣花叢

花叢是園景中花卉的自然式種植形式，是造園園景中花卉種植的最小單元或組合。每叢花卉由 3 株至 10 幾株組成，按自然式分布組合。每叢花卉可以是 1 個品種，也可以爲不同品種的混交。

花叢可以布置在一切自然式造園或混合式造園的適宜地點，也起點綴裝飾的作用（圖 17-45）。

由於花叢一般種植在自然式造園中，不能多加修飾和精心管理。因此，常選用多年生花卉或能自行繁衍的花卉。小庭園裡的花叢由於不可能多種，所以更要精選，尤其要選那些適合本地生長又有寓意，且和環境配襯的品種。

㈤花池、花臺

花池和花臺是中國式庭園中常見的栽植形式或種植床的稱謂。古

圖 17-45　花叢（傅克昌先生提供）

典中國式庭園中運用較多，現代建築和造園也普遍採用，其實用性很強，藝術效果也很好（圖 17-46）。

花池是指邊緣用磚石圍起來的種植床內，靈活自然地種上花卉或灌木、喬木，往往還配置有山石配景以供觀賞，這一花木配置方式與

圖 17-46　花臺（資料來源：Isao Yashikwa, 1990, *Chinese gardens*）

其植床，通稱爲花池，是中國式造園的傳統手法。花池土面的高度一般與地面標高相差甚少，最高在 40 公分左右。

當花池的高度達到 40 公分以上，甚至花池脫離地面，爲其他物體所支撐，就稱之爲花臺。但最高高度不宜超過 1 公尺。

由於花臺距地面較高，縮短了人在觀賞時的視線距離，因而能獲取清晰明朗的觀賞效果，便於人們仔細觀賞其中的花木或山石的形態、色彩，品味其花香。所以，在我國古典私家庭園中運用較廣泛。一般設立在門旁、窗前、牆角。其花臺本身也能成爲欣賞的景物。這也可以認爲是一種盆栽形式。因此，最適宜在花臺內種植的植物應當是小巧低矮，枝密葉微，樹幹古拙，形態特殊；或被賦予某種寓意和形象的花卉，例如歲寒三友——松、竹、梅，富貴花——牡丹等等。

㈥活動花壇（花鉢）

活動花壇是在預製的容器中，在苗圃內將花種好，養到開花的時候送到都市廣場、街邊、公園……等適宜的地點擺設美化。活動花壇的容器要求：經久耐用，造型美觀；移動輕便，色彩暗淡不奪取花卉的色彩美，同時可以拼成圖案或單獨陳放等。容器的製作材料可用水泥混凝土或玻璃纖維製成。成批生產的活動花壇在苗圃養到開花時，用吊車裝運出去擺設。形狀有方形、六角形、長方形、圓形、橢圓形等，每個單元如同一個一花盆，但擺的時候也可以互相併在一起，形成各種組合的花壇群。放在水邊、路邊、長椅的四周、雕塑的附近、廣場的邊角上、出入口附近……等，比固定的花壇更爲靈活多樣（圖17-47）。

此類活動花壇在苗圃內從移植花苗到開花的過程中，操作及管理均很方便，缺株事先可以補足，開花質量很有保證。擺設的位置容易變動，會引起觀賞的遊客新鮮的感覺。花開過後全部更換，另一批新

圖 17-47　　活動花壇

的組合又出現。為提高觀賞效果，事先應做好精密的設計，包括花盆的設計，植物種植設計，還有擺放的設計，這3種緊密結合起來，一定可以得到滿意的藝術效果。

三、觀賞樹木的栽植

㈠觀賞樹木的意義

木本植物，無論喬木、灌木及蔓性之藤本植物，凡供庭園、公園、風景林、行道樹及盆景之栽植者，都稱為觀賞樹木。

㈡觀賞樹木的用途

1.觀賞用

有花色鮮艷或開花奪目者，如梅、山櫻花、鳳凰木、流蘇樹、木棉、珊瑚刺桐、阿勃勒、黃槐、朱槿、九重葛、杜鵑、羊蹄甲、大花紫薇、洋繡球等。盛夏濃綠，入秋後葉色變化轉為紅葉或黃葉令人

讚賞者，如青楓、臺灣紅榨槭、楓香、黃連木、無患子、烏桕、欖仁
等。果實色彩美觀者，如臺東火刺木、臺灣欒樹、紅果金粟蘭、桃葉
珊瑚、毛柿、鐵冬青、金露花、臺灣海桐、野雅椿等。樹皮美觀者，
如九芎、泡桐、白千層、竹柏、櫸木、檸檬桉等。樹姿優美或葉形可
愛者，如龍柏、小葉南洋杉、垂柳、筆桐樹、臺灣海棗、通脫木、福
木、小葉欖仁、黑板樹等。具有香氣者，如桂花、含笑花、茉莉花、
樹蘭、月橘、樟樹、瑞香等。

2.美化環境用

觀賞樹木常作爲庭園、門亭、公園及各建築屋基美化之主要材
料。上木類常用者如黑松、南洋杉、羅漢松、側柏、臺灣肖楠、臺灣
油杉、樟樹、榕樹、青剛櫟、楓樹、青楓、木棉等。下木類則有龍柏、
圓柏、山茶、杜鵑、洋繡球等（圖17-48）。

圖17-48　觀賞樹木（傅克昌先生提供）

3.綠籬及隱蔽用

將叢生性之灌木密植，修剪成各種形式，除可作道路及鄰居之境界外，亦有遮護作用。綠籬樹種應具備之條件如：下枝茂密之常綠樹；四季均能保持優美之型態；萌芽力強耐修剪且易於繁殖。如朱槿、馬纓丹、六月雪、月橘等。

4.綠蔭用

宜擇枝葉茂密、葉片大型之喬木，且枝下高者爲適宜。一般以選擇夏季濃綠而冬天落葉之樹種爲宜，惟如爲調節或防止強烈日射需經年保持良好樹蔭時，則宜選植常綠樹種。綠蔭用樹種亦大多可栽植成行道樹或林園大道，如重陽木、楓樹、欖仁、樟樹、黃連木、鳳凰木、瓊崖海棠等。

5.防風用

宜擇深根性而枝幹強勁，樹冠疏軟者爲宜，但須對當地氣候、土壤有適應性，如木麻黃、樟樹、相思樹、榕樹、刺竹、水黃皮、大葉山欖等。

6.防治有害氣體用

樹木具有淨化清潔空氣，減輕環境污染之功能，故在市區、高速公路或接近工業區之地帶，爲防止有害氣體，應選擇抗害力強，吸著能力大之樹種，一般均爲常綠闊葉性，如榕樹、樟樹、豬脚楠、楊梅、厚皮香等。

7.防沙及防塵用

凡海濱、河川附近之沙地或火山灰地帶，可植樹以防止飛沙或灰塵。宜選擇萌芽力強，根系強健，地上部枝葉茂密之樹種，如竹柏、木槿、油茶、楊梅等。

8.防潮用

　　濱海地區常受潮風、季風吹襲，且土壤質地惡劣，故應選擇耐風之樹種，如刺桐、夾竹桃、瓊崖海棠、大葉山欖、碁盤腳樹、蘇鐵等。

　　9.防火用

　　於建築物四周如預植防火樹木，其空間可充避難或減少火災損失，且樹木本身有阻擋火速之用。防火樹種之條件爲：樹冠枝葉本身之著火性小，引火時間長，引火後之火勢要弱，如厚皮香、靑剛櫟、樟樹、夾竹桃、豬腳楠等。

㈢觀賞樹木之特性

　　1.上木與下木

　　上木指樹高約在 3 公尺以上之喬木及亞喬木；下木則指灌木類或雖屬喬木而其高度無法伸展，呈矮小狀態者。

　　在園景配置上常利用上木配置之空間添補下木，以襯托上木之高大宏偉，或運用下木配襯，使上木之景觀獲得延伸。以點、線、面、體之運用來加深促進園景之觀賞價值。

　　2.陽性樹、陰性樹與中性樹

　　樹木生長期間對日光需求程度常因樹種之不同而有差異。有些樹木需充分之日照，若將其置於日光不易照射或蔽蔭位置，生長即受影響，甚至枯死，此類樹木稱爲陽性樹。反之，倘樹木受陽光直射，葉部易生灼焦現象，失去新鮮朝氣之樹種，即屬好陰之陰性樹。有些樹種不論生長於陽光處或半陰涼處，均能適應生育，此類樹種即爲中性樹。茲將上述 3 類樹種舉例如下：

　　⑴強陰性樹：羅漢松、黃楊、桂花、八角金盤等。

　　⑵陰性樹：竹柏、女貞、楊梅、厚皮香、黃梔等。

　　⑶中性樹：南天竹、夾竹桃、䅲桐、檉柳、竹類。

(4)陽性樹：龍柏、黑松、垂柳、羊蹄甲、梨、欅。

3.樹型與葉簇

樹木依樹種之不同，而有不同之樹型(圖 17-49)。樹型即樹幹、枝條、葉簇所展現的姿態。

葉簇爲構成樹冠之要素。樹木之葉有粗細、表裡、形態、色彩等變化，此種變化於觀賞上深具價值。

4.常綠樹與落葉樹

常綠樹之葉生長期較久，新葉漸次老化方逐漸脫落；而落葉樹之葉通常生長到一定時期（一般在冬天）後即脫落，待翌春才萌發嫩葉，或全部落完葉後再萌發新葉。

一般於冬季落葉之樹木，冬日受陽光照射而無遮蔭，但夏季時綠蔭覆蓋大地。一般落葉樹其新葉及黃紅葉色等變化，具有季節性，較富優美雅意。而常綠樹則對遮蔽園景不良景觀，或對防風、防水上較落葉樹爲佳。

㈣觀賞樹木之配置設計

觀賞樹木在庭園中，可以單植、叢植及列植。其配置，一爲人爲修剪及等距離對稱、交互栽植構成直線形配置之規則式配置法；一爲模仿樹木天然群生狀態之自然式配置法。

1.規則式觀賞樹木配置

圓錐形　　圓柱形　　垂技形　　開張形　　紡錘形　　圓形　　高傘形

圖 17-49　不同樹形

適合此配置法的觀賞樹木應為色彩鮮明、枝葉常綠、樹形整齊、枝葉密生者。其配置方式，一般可分：

(1)列植

採同種樹木，其高度及樹冠大小均相等；或2種樹木，其高度及樹冠成對比，以等距離栽植。

(2)對植

在園中重要的地點，或建築物旁，作對稱或交互的等距離栽植。

(3)綠籬

一列、二列的平行栽植，使樹冠相互接觸交叉，並行整型修剪。

(4)整型式

對一般列植樹木，也如綠籬般實施整型。

2.自然式觀賞樹木之配置

(1)單植

單植常配置於草地上或花壇中心軸線之末端、水池四周及園中其他有利之點。單植可表現個體美，常以優形樹為之（圖17-50）。其樹形必須優良，其花或葉或幹應具有觀賞價值。茲舉例如下：

　　　a.樹形整齊端正者：如樟樹、榕樹、重陽木等。

　　　b.色彩鮮麗者：楓樹、彩葉山漆莖、變葉木等。

　　　c.開花美麗者：阿勃勒、火焰木、鳳凰木等。

　　　d.樹形有特殊個性美者：柳樹、南洋杉、椰子類等。

　　　e.樹幹或樹根有特殊風格者：白千層、松樹、榕樹、酒瓶椰子等。

　　　f.可依修剪而調整樹形者：羅漢松、九重葛、月橘等。

圖 17-50　　優形樹

(2)叢植

樹木 2 株以上，作不規則之組合栽植。

　　a. 2 株配植：2 株配植者，除有若干共通點外，其色彩、形
　　　狀、大小應各異，尤以大小各異為最重要。例如常綠與
　　　落葉對植，闊葉與針葉對植，喬木與灌木對植，樹冠寬
　　　廣與低垂者之對比，色澤深淺之對照，均可顯現天然之
　　　美（圖 17-51）。

　　b. 3 株配植：3 株配植，為最常用，而最能收美滿效果之配
　　　植方法，美觀上考慮其中 2 株大小可以相似，另 1 株則

可異形而小。配置時切忌成一直線，或正三角形；而以
不等邊三角形配列爲原則（圖 17-52）。

圖 17-51　　2 株配植　　　　　　圖 17-52　　3 株配植

c. 4 株配植：除 3 株仍植於不等邊三角形之各頂點外，餘
　擇其特別者植於中心，或另植 1 株於三角形頂點 1 株之
　先端，或共植成梯形（圖 17-53）。

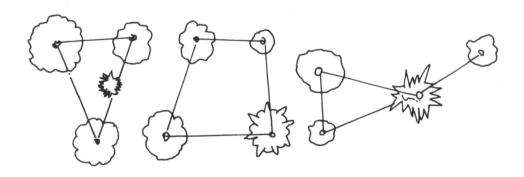

圖 17-53　　4 株配植

d. 5 株配植：可將 4 株植成 1 梯形，另 1 株植於中心，或
　植成 1 五角形（圖 17-54）。

e. 6 株配植：較爲複雜之配置法，以 1 爲主，2 爲副，以 3
　爲客，由此 3 者，構成全局之骨幹，再以 4、5、6 輔佐
　之，5 與 6 爲前方之點綴，4 爲後方之背景（圖 17-55）。

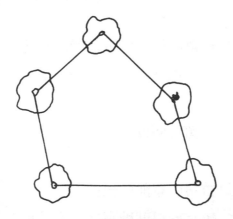

圖 17-54　　5 株配植

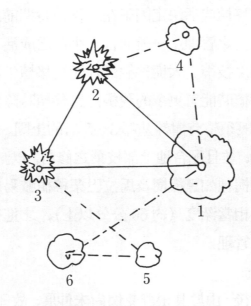

圖 17-55　　6 株配植

㈤觀賞樹木之移植與管理

1.栽植時期

一般而言，觀賞樹木栽植適期，依其樹性及苗木管理情形而異。在臺灣苗木來源若可靠，幾乎全年可栽植。依觀賞樹木之不同，大體

有不同栽植適期：

　　⑴落葉樹：以落葉後之休眠期間，實施栽植最佳。

　　⑵常綠闊葉樹：以梅雨季節實施栽植最適宜，另外 3、4 月時移植成活也頗高。

　　⑶針葉樹：栽植時期以 3 月間最適宜，其次為 9 月下旬至 10 月下旬。

　　⑷竹類：以竹筍萌發前或後為佳。

　　⑸棕梠類：較宜於溫度稍高之雨季栽植。

　　2.移植

　　觀賞樹木之移植成活決定因子在於移植時期前之預備處理，掘取時之處理及移植後之管理。一般而言，小苗之成活率高，而大苗之移植則必須有較高之技術。大樹移植最好能在移植半年以前行斷主根的處理，使其在移植時能有更多的鬚根，且移植時除休眠期之落葉樹為裸根移植外，一般須帶有樹幹基部 3～5 倍的土團。若土團較小，日後管理需較為細心，並且配合地上部枝葉之修剪，以減少水分之蒸散。淺根性或有乳汁之樹種如黑板樹及馬拉巴栗移植較易成活，深根性之樹種，則必須掘至相當深度（約 60 公分以上），才進行綑繩。

　　3.移植後之管理

　　⑴立支柱

　　樹木移植後，由於其根群受傷尚未伸展，故即使將土壤密實，但仍容易風倒而影響成活，尤其雨後土壤較鬆軟時，更易倒伏，故必須立支柱或拉索以減少倒伏。立支柱的方法有多種，可分為單柱式、雙柱式、三柱式及四柱式等，採用何種形式之支柱，則視樹種、樹高、土層厚度及風力等因素而決定。支柱材料以杉木為佳，但需剝皮，並經真空高壓防腐處理，以防腐防蛀。有腐蛀折斷彎曲及過份裂劈者不

得使用。立支柱時，支柱粗尖打入土中，以期牢固，緊靠樹幹部位，
墊以軟性透氣材料，如杉木皮、草蓆等，再以麻繩、布繩以 8 字形緊
捆至少六圈，以免動搖，並應視支柱種類及風向而確定支柱位置，以
確具保護植栽之作用。拉索一般使用塑膠繩或 10 至 12 號鍍鋅鐵絲，
依樹木之大小將 2 至多股纏組成索以 45 度角拉向地面,近樹端亦應套
橡皮管或其他軟物，另一端則繫段木埋入地下約一公尺，亦可繫木樁
釘入土層。較小樹木可拉三索，採 120 度角以求平衡，大樹可立四索，
各索均應加緊線器拉緊。(圖 17-56～63)

　　⑵澆水及肥培

　　移植後之澆水量，依樹型及季節而異，一般可依根株大小比
例澆灌足量的水，初期水分宜多，而後逐漸減少。施肥則宜於種植前
施用腐熟之有機肥於植穴中，而於成活後再施用速效之化學肥料，一
般以栽植後 90 天施肥較佳。

　　4.對於大型之園景樹木實施移植時，須先將大部分之枝葉部予
以鋸除，其中如松類外皮易受傷者，宜自樹幹基部開始用稻藁敷綑。

圖 17-56　支柱與樹木接觸部位須以透氣性材料保護

圖 17-57　支柱基部再以木樁固定

圖 17-58　　三柱式支柱例

圖 17-59　　大樹支柱例──三柱式

圖 17-60　四柱式支柱例

圖 17-61　拉索式支柱例

圖 17-62　　大樹支柱例（Ⅰ）

圖 17-63　　大樹支柱例（Ⅱ）

第五節　水與岩石的應用

一、水景的應用

㈠水景之功效

水在人類生活領域中佔著不可或缺的地位，與陽光、空氣共為三大生命要素。水景常被視為庭園之靈魂，有水的庭園常令人有清涼恬適的感覺。水景不論動態或靜態均能引人注意，令人流連欣賞。園中有水，不但可增加園景之美，使景色生動，且可供灌溉、消防、消暑、養殖、種植藕菱、划船、滑水等之用，這是水在造園上之實用價值(圖17-64、17-65)。

圖 17-64　水景增加庭園美（施工前）（傅克昌先生提供）

圖 17-65　水景增加庭園美（施工後）（傅克昌先生提供）

　　我國自古論風景時，均將山水混爲一談，有山而無水，不足以言勝。又有謂：「靑山、綠水、紅花乃構成庭園美之三大要素。」故造園上，水之應用，乃不可或缺者，其造園功效包括：

　　1.構成開朗之空間

　　園中水景，面積大之湖、沼、池，往往本身佔著大面積之水域，水爲平坦者，故有「波平如鏡，清澈見底」之形容；且水之本身，爲白色可反光之物，可使園中增加開朗寬闊之感。

　　2.增加統一之感覺

　　水在造園上之布置，均顧及水中倒影，所以池沼旁和水流邊，都有樹木和景物之點綴，水中更有蓄養魚蝦，栽植藕菱者。可使園中景物，因水之布置，而獲得緩衝及統一。

　　3.形成布局之焦點

水景經常為造園之重要布局，易於吸引遊人之視線。水之美可分為 3 種：

(1)變化的美

春天綿雨，風吹水動，生氣盎然；夏季雷雨，水池湍急，水多而濁；秋季水少而清，可見游魚水石；入冬則易枯竭乾旱，這些天然現象，構成變化之美。

(2)靜的美

水之倒影，池中雕像、亭榭、石塊、假山，以及水中荷葉、荷花、菱角、游魚，均顯出水中靜之美感。

(3)動的美

水流潺潺之聲，噴水之泉聲，水浪擊岸之聲響，以及水波之流動，均構成庭園中動的美。

㈡造園中常用的水景

造園上水之運用與布置，常依庭園之面積、庭園之形式及水源給水情形而定。一般園景境內，或其附近有天然水源存在時，則為最好之利用機會。否則就庭園之地勢，經濟之情形，於可能範圍內，由人工挖造之。造園中常用的水景分成兩種形式：

1.自然式水景

一般皆取景或借景於自然，有寫實性與象徵性兩種手法。寫實性的水景，多為模擬或縮小自然界的水景。例如池、湖泊、礁湖、水流、瀑布等。象徵性的水景，則多超越材料的本質意義，例如以「無水」象徵「有水」的枯山水表示法，在日本式庭園中頗多應用。白砂敷地，可象徵汪洋大海；砂紋潦潦，可象徵波濤大浪；砂中一石，可象徵泛海孤島；乾河底放置石子石塊，構成一條河流，如兩山之間的峽與谷。這種超越現實，橫跨時空，寄情於自然宇宙的大我觀的作法，

便是自然式水景立基典本的精髓所在。

　　2.人工式水景

　　常用於規則式庭園中。以明朗、開闊、整齊、清潔為其最大特徵。布景上強調人工與圖案美。前者如壓水上噴，使成水柱、水花、水霧，機械壓力越大，噴水越高就越壯觀，噴頭形式越多，水形就愈富變化華麗。後者如水池池緣的形狀，多作幾何造形，講求噴泉的雕塑，水盤的層列等。人工式水景有池、運河、噴水、壁泉、飛瀑等。

二、水景的設計

㈠水流

　　水流為模仿天然之河川，使其迂曲通過庭園者，以增加庭園之情趣，減少單調感（圖 17-66）。設計要點如下：

圖 17-66　　水景的設計──水流（傅克昌先生提供）

1.水流之設計

⑴位置

水流常設於假山之下，樹林之中，或水池瀑布之一端；應避免貫穿庭園之中央，宜使流穿庭園之一側或一隅。

⑵形狀

為模效天然河川，應令其迂迴曲折，一般形狀均採Ｓ形或Ｚ形，但曲折不可過多。為不失自然，彎曲處應注意較為寬大，導水向下緩流。

⑶坡度

上流坡度宜大，下流宜小。坡度大的地方放石塊，坡度小的地方放礫砂。給水多則坡度宜大，給水少，則坡度可小。

2.水流之構造

⑴水源之設置

a.水源發於園內者，可與瀑布或假山石隙中泉窪相連，惟其出水口須隱蔽才能較自然。

b.將水引至山上，使其聚集一處，成瀑布流下。

c.將水引至山上，以岩石假山偽裝，使自石洞流出。

d.將水引至山上，使自石縫中流出。

⑵河岸之構造

無論以何種材料，皆應表現自然，並能堅固持久。兩邊堤岸的角度，除人工式可用90°外，一般以35°～45°為宜。堤岸之構造可分為：

a.土岸：水流兩岸，坡度宜較小，土質需較粘重不崩者，在岸邊宜種植綠草。

b.石岸：在土質鬆軟處，為求其堤岸之堅固，用溪流之圓

　　　石，堆砌於兩堤岸。

　　c.木樁護岸：以 8～10 公分粗之木樁，不規則的打入岸邊，
　　　即可護岸，又可增加情趣。

　　d.水泥岸：為求堤岸之安全及永久牢固，可用水泥岸。但
　　　切忌使水流失眞，尤其自然式庭園之水泥岸。最好表面
　　　以石礫做掩蔽，因水泥人工意味太重。

　㈡水池

　　水池在造園中為靜的布局運用，其價值與花壇相似，有強調園景
色彩之效果。其設計形式分為規則式與自然式 2 種。

　　1.規則式水池

　　　⑴位置

　　　在規則式庭園中，水池位置應設於建築物之前方，或庭園之
中心。

　　　⑵形狀

　　　多為幾何圖形。其作法，一為掘土成池使水平面接近於地表，
一為修築高堤，阻水成池，水平線高於地表。

　　　⑶設計原則

　　　a.水池面積與庭園面積應有適當之比例。

　　　b.除非作特殊的用途外，不宜太深，以免發生危險，通常
　　　　水深以 45 公分為原則，若栽植水生植物也在 75 公分即
　　　　可。

　　　c.宜特別注意給排水設施，循環式的水利用，既經濟又方
　　　　便。

　　2.自然式水池

　　　⑴位置

　　自然式水池模仿自然界存在的水池，其位置常在假山腳下、溪流瀑布的一端、森林中、草地之一側。

　　(2)形狀

　　自然式水池之形狀，多模仿自然界現有之湖、海、池塘等，呈不規則形狀，池岸曲折（圖 17-67）。

　　(3)設計原則

　　　　a.設計時應針對地勢、地質、水源、庭園面積大小，以決定水池之形狀、大小、材料與構築方法。

　　　　b.池岸的構築，植物的配置，及其他附屬景物之運用，均應模仿自然湖海，以求逼眞。並注意水往低處流的道理。

　　　　c.小面積水池，保持 50～100 公分深度爲宜。在大面積水池中，則可酌予加深。

圖 17-67　自然式水池（傅克昌先生提供）

　　d.大面積的水池，爲避免水面平坦單調，在水池適當位置，
　　可設置小島，或栽植植物，或設置亭榭等。
　　e.任何部分，均應將水泥痕跡遮隱，否則有失自然。

㈢瀑布

　　凡利用自然水源或人工水源，聚集一處，使從高崖落下，落下之水，因瀑落而形成一條白水帶和水花，稱之爲瀑布（圖17-68）。瀑布在水景中氣勢最爲雄壯。故在自然式庭園中，常被運用。

　　1.位置

　　瀑布常設於庭園之一隅，爲表現幽深，應在隱蔽之處，假山之上，並應具有適當之背景。

　　2.條件

　　設置瀑布須具備下列三個條件：

圖17-68　　瀑布應用於都市水景設計之例（傅克昌先生提供）

(1)有險峻峭壁，危立之岩石。

(2)有充分高位之水源，及能保持一定之供水量。

(3)岩石之最下層，有蓄水池或水溝，能引導流下之水，至附近河湖者。

3.形式

瀑布依其水之下瀉形式，可分為數種：

(1)重落

水源充足、水量豐富、水勢兇猛。水自溢口垂直落下，其角度大、聲音亦大。適合大面積之庭園設置。

(2)離落

水源充足、水勢大。出水口與落水面成 90°角。石塊之頂端凸出，下端內陷，使水離開石面落下。

(3)傳落

水量少之處，使水流或斷或續，成若干段落層次流下來。

(4)布落

與重落相彷彿，惟出水口之流水較緩和，水面廣闊成布狀。

(5)絲落

水源不足，落水得少，成絲狀自上流下。

(6)濺落

在瀑布面上，作甚多凸出之岩石，水落至中途，遇岩石衝擊而濺散成許多雨點落下，遇太陽折射，可成虹霓，尤增園景之美。

(7)對落

水源自左右兩邊相對落下，至中途匯合在一起，使瀑布上端中央缺口無水。

(8)左右落

與對落相反，水源自同源出，至中途由於阻礙，乃分開左右而落下，使瀑布中央缺口無水。

㈣枯山水

在日本庭園中常有枯山水之設置，景致特殊，自成一格，其技巧係以砂礫鋪地，象徵流水，掃痕喻波，再砌石爲假山，其溢口處以白砂，使其成瀑布狀，飛騰直瀉，景色壯觀，稱之爲「枯瀑布」。用砂礫表現出水的形象，使之眞假莫辨，其意境之高超，充分表現東方人的想像力之豐富（圖 17-69）。

㈤噴泉

噴泉應用於庭園，在西洋起源於希臘羅馬時代，在東方則始於秦、

圖 17-69　枯山水（傅克昌先生提供）

漢。噴泉之設置可添庭園之生氣，使人一見有涼爽之感，且吸引人的視線，而成為庭園之焦點。

1.設置位置

噴泉之位置可設於主要園路的交叉點、花壇或綠草的中心、高臺或主要建築物前方、涼亭附近、廣場的中央、住宅的前庭、水池中心或公園的入口等。規則式庭園中較多應用。

2.噴泉的種類

(1)柱泉

水自噴水口直立向上噴射，而成水柱，可由四面八方觀賞。

(2)塔泉

用石材或水泥雕塑成華麗的塔狀，或成相疊落盤，使水自塔頂逐層落下。

(3)湧泉

水由地下湧出，模仿自然地下水湧出的情形。

(4)群泉

水由數個水口噴出，為綜合的噴泉，適合於大噴水池。

(5)壁泉

於牆壁一側，將水噴出，其設置位置為庭園主軸線終點而有植栽或園垣為背景之場所，樓梯轉角的垂直壁面。

三、岩石的應用

庭園應用之岩石，可小至砂礫，大至大塊岩石。依其利用又分成石材與庭石2類；石材為直接利用其結構組織者，例如當作混凝土骨材用的砂石，堆砌圍牆用的塊石，水池池壁擋水用的石塊，休憩用的大理石桌椅，作通道用的石板等。而庭石又分為2類：一為直接將石

塊、岩石擺置於庭園中，以顯示其本身的材料美感者，如虎紋石、玫瑰石等。另一為將石塊岩石依其利用的性質加以組合、堆砌者，一般通稱為庭石，有假山、石組、飛石等。

㈠假山

在自然式庭園中，利用石塊本身所具自然的形，加以確切之方向與配置，模仿自然山岳，堆砌成山，達成一優美的造形，稱為假山。疊成的假山，不再是石塊而是有形有體，有神韻有感情，能引起別人有同感的藝術作品（圖17-70）。

1.設置位置

　⑴假山本身應具有幽深的意境，所以在自然式庭園中，皆被配置於庭園的一隅。並配合水景的設施，例如做為瀑布的落水口或水流的發源地。

圖 17-70　假山（傅克昌先生提供）

(2)設置於水流或自然式水池之一側。

(3)草地之一側或林地之中。

2.種類

假山應全部以岩石堆砌，但有時候因環境因素或各人喜好，有堆土石成土石山，或完全用土堆成土山者。

3.設計原則

(1)假山的規模應與庭園面積的大小成比例。

(2)模仿自然之山岳，必須逼眞，疊石的設計並首重安全。

(3)除非庭園分前後或東西數局部，而各局部互不相連，否則不宜選用兩種以上的石材。

(4)同一種石，色澤與紋理上亦常有不同，配石時應選形質色調相近者。

4.砌石原則

(1)砌假山首重安全穩固，再求自然美觀，其外貌必須高低變化，依據透漏瘦 3 原則選石施工。「透」與「漏」指水眼，是石的內在美。「瘦」指瘦逸多姿，是石的外在美。

(2)岩石假山外表，盡量避免水泥暴露，間隙採用深鈎縫，石面水泥及其他污垢必須消除之。

(3)岩石假山施工時，應保留空穴，填入沃土以供種植植物用。

(4)大型假山施工時，應注意排水設施。

(5)岩石工程施工，務需妥善掌握岩石數量，且需顧及施工安全。

5.假山植栽

假山植物的選擇，大部分爲岩石植物或森林植物。配合山之高低，貌之陰陽剛柔，選擇植物宜注意其派勢氣氛。大型的假山，可於

遠處種植森林樹木，要高，要密，要有深遠感，如濕地松、羅漢松、楠、樟等。而於前景則配置一些葉大而色淺的較矮小植物，就可表現有韻味有深度的假山情景。另外再配置一些岩石植物，如龍舌蘭、山蘇花、蕨類、筆樹等，則更逼眞而富情趣。

㈡飾石

利用岩石特性，布置於庭園，以供觀賞者稱爲飾石。一般有作爲道路用的飛石和點綴園景的石組。

1.飛石

飛石又名踏石，岩石（石片）按適當的距離平鋪於地面，作爲步行道者，有時亦置於水流中。自然式庭園應用甚多，但規則式庭園亦時有應用。

　　⑴飛石的配置原則

　　　　a.飛石之設置地點，多在水邊、淺水灘渡、林間假山上(土山或土石山)、綠草中，以及其他低濕泥濘之地。

　　　　b.以實用爲主，但亦要求美觀模仿自然的原始形態。

　　　　c.使用飛石形狀可相異，但質地最好相同。

　　　　d.石塊之大小、形狀、長短宜有變化，才不致顯得單調。

　　　　e.飛石選用的石塊面，不可有凹凸，或過於光滑，以利步行。

　　　　f.規則式庭園布置的飛石，可採用同形、同質、同大小之加工石材。

　　　　g.一般人之步幅約爲 50 公分,故在 2 公尺中,鋪設 4～5 石爲標準。每石與石之間隔以 10 公分爲適；石塊突出地面以 3～6 公分爲宜。

　　　　h.飛石路之分歧點，應設踏分石，踏分石可分 2 層，使其

更富變化美。

i. 飛石重基礎與排水，搖動浮根的飛石，會失去岩石材質感的厚重穩定性。故在土壤硬度差之處，應作地基。每塊飛石之設放，務必穩固安全，尤其設在水中者爲最。

j. 飛石之近旁或石隙間，可種植較小型之花草，作零星而不規則的點綴。

(2)飛石的排列方式

飛石的排列不一定要拘於一定的方法，祇要達到自然美觀即可，下列舉數種方式以供參考（圖 17-71）：

a.二連法：二石組合爲一單位，每一組合均應左右錯開。

b.三連法：三石組合爲一單位,每一組合均應左右稍錯開。

c.四連法：四石組合爲一單位,每一組合均應左右稍錯開。

d.二三連法：二石與三石各成一組合，交互錯開，反覆排列。

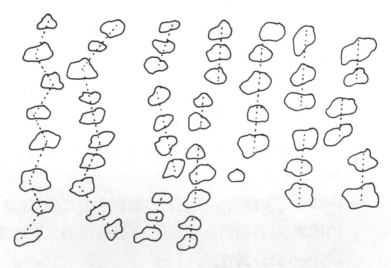

圖 17-71　飛石排列方式

e.三四連法：三石與四石各成一組合，交互錯開，反覆排列。

f.飛雁法：作雁之飛行狀排列。

g.千鳥法：用單石左右錯開，交互排列。

2.石組

⑴石型與置法

石組之施工，需具備高度之技巧及藝術，若無經驗，所完成之作品，不但不美，而且顯得粗俗。石組之組合，乃是將岩石單獨或集合在一起，點綴庭園或單獨形成一個景物，雖僅數枚岩石之組合，仍應詳加思考。在研究岩石組合之前，先要認識石型，根據其型再行配組，天然岩石形樣不一，並無固定之形體，常用之基本石型不外下列幾種：

a.平盤石：形樣扁平，可搭配多種岩石，組合成石組。

b.懸崖石：爲立體長石，上端平坦，接著下凹，呈懸崖狀。

c.仰臥石：石面傾斜，呈仰臥狀。

d.錐形石：上部較小，基部寬大，呈圓錐狀。

e.胴體石：如一直立的胴體，爲一極佳的配石。

庭石在造園上的擺置，通常稱爲植石(圖17-72)。原因有二：第一，庭石的特徵即爲材質感的厚重，所以庭園中擺置的庭石，須插根深入土中，以爲穩定，猶如植樹；第二，庭園中所應用的庭石，在造園家眼中是一種富有生命的東西，若是石組的庭石，希望它能生苔長綠，含蘊自然的生命力。若是景石的庭石，希望能閃耀出生命的光輝，潤澤有生氣。植石，除應合乎眞善美之法則外，應顧及牢固、安全，最忌見根鬆底。

⑵石組的組合

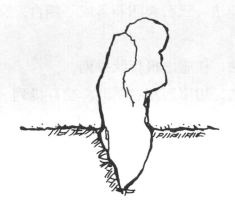

圖 17-72　植石

a.孤石放置法：在自然式小庭園中，常可見到孤石放置，或立，或臥，或仰，其姿態視庭園實際情況而定。凡前所論及之各種基本型岩石，均可單獨放庭園中。唯對岩石之選擇應顧及四面八方。盡可能使之自然完整，應將其最美部分，面向視線最容易接觸之方向。孤石放置法較易施工，而岩石之放置位置、姿態，全依實際情況而定（圖 17-73）。

b.雙石組合法：係利用兩種基本型岩石，相互組成多種石組，其配置組合法，視庭園狀況及位置而異。

c.三石組合法：利用三種基本型岩石，相互配置成多種石組。因岩石數目較多，故配置變化無窮。

d.五石配置組合法：將雙石配置組合成之石組與三石配置組合成之石組，任意配置之組合法。此類石組適合於較大之自然式庭園，顯得壯觀、穩健。

　　石組之排列並非需要一定之形式，自然美觀即可，事實上，在甚多庭園中，尤其是在日本，姑不論其格調如何，其對石組之安排

圖 17-73　孤石（傅克昌先生提供）

卻非常灑脫、節潔。石組之結合，岩石之放置，應盡量模仿天然界中之實景，尤其注意石形、岩紋必須配合其方向，決不可違反自然（圖17-74～17-76）。

　　⑶石組的配置

　　石組放置園中之位置，須能配合其他景物，使整個景致能調和一體，而有統一的感覺。石組配置的位置如下：

　　　　a.玄關、前庭或門柱前：我國常視石頭為有靈性之物體，常將石頭人格化，將具有造形美之岩石置於玄關、前庭，或門柱前，稱之為「迎客石」。

　　　　b.一般樹蔭下，可配置獨石或群石，除觀賞外，可供人憩息。大部分均採用平盤石形，以實用為主，偶也點綴其他石型。觀賞樹木之配石，其集合體應講求美觀。

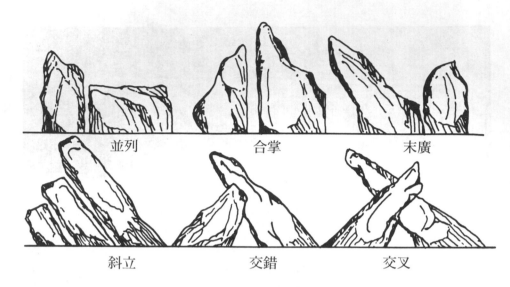

圖 17-74　　各種石組組合方法的名稱

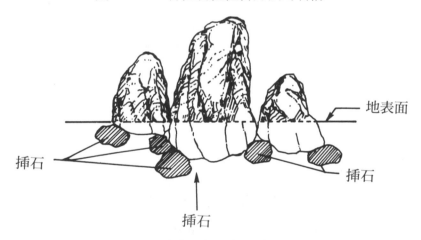

圖 17-75　　穩定石組可於石組下墊插石

c.綠草之中，擇石數塊半埋其中，微露石形。或在綠皮池
中亦可採用此法，甚為美觀生動。

d.橋畔、池岸、涼亭、水榭附近，均可配置石組，其形態
應與景物配合。

e.假山附近，無論是平地或坡地，均應點綴石組，能讓人

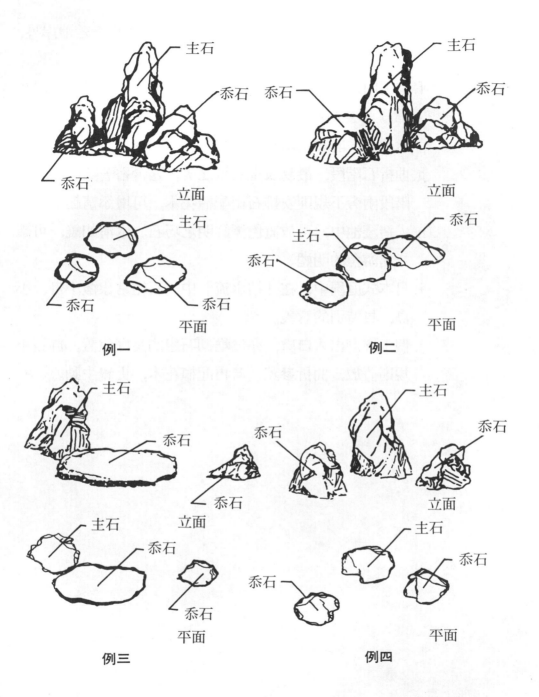

立面

主石

忝石

忝石

主石

忝石

平面

例一

立面

忝石

主石

忝石

忝石

主石

忝石

平面

例二

主石

忝石

立面

主石

忝石

忝石

平面

忝石

忝石

主石

忝石

忝石

立面

忝石

主石

忝石

忝石

平面

例三

例四

圖 17-76　各種三石組之例

有一種連續的感覺，岩池亦須如此，除曲折參差池岸外，近旁之石組可使整個水景不致有單調感。

f.住宅附近或院子裡或園垣角落設有平臺處，臺中可保留部分土壤或另砌花臺，並點綴石組，配植蘭竹、菊花或水仙等，能顯出幽雅氣氛。

g.曲折石階段，最易表現石景之美，它含蓄著美的韻律，階段兩旁不規則安排石組配植花木，可增添情趣。

h.人造淺池中，可放置色澤鮮明之巧石。水清如鏡，可襯托出游魚的明媚。

i.日本式庭園中，在「枯水流」中的石組常象徵小舟、小島，具特別的意義。

j.假山巖洞出入口處，亦為堆砌石組的良好位置。群石不規則置放，曲折參差，若再配植花木，更覺生動。

第六節　庭園的維護

庭園的維護應先擬定造園植物及硬體設施的維護計劃、調配人員、準備工具，然後依照原設計訂定庭園空間管理及維護的工作（表17-1）。

一、造園植物的維護

造園材料中最重要的材料常是有生命的植物材料。一個庭園最能表現變化美的也是植物材料。但就是因為它是有生命的材料，它會生長會茁壯，若不定期加以維護，常會破壞庭園的美。依植物的不同，一般維護工作大致可分為3方面來討論：

㈠木本觀賞植物的維護

1.灌水與排水

造園植物栽植後需適時加以澆水灌溉，才能維持生機。屋頂花園及室內盆栽由於未能接受自然降雨之滋潤或因局部環境內水分蒸發較快，更應注意定期澆水。每次澆水應以充分澆濕為宜，不可只澆表層，而致根部尚未能確實吸水。雨季，對於低窪地區或積水地區尤應注意排水，不可積水而導致根部呼吸作用受阻或根系之窒息。戶外尤其鋪面上之造園樹木其樹頭基部宜留有集水穴，以收集地表逕流之雨水。本省北部地區6～8月暑期乾旱季節應特別注意庭園樹木之灌水工作，尤以淺根性之植物如杜鵑、洋繡球等或需水較殷之樹種如落羽松等。

2.立支柱及支柱之更換

新栽植之樹木，樹高超過2.5～3公尺者，應立支柱加以扶持，

表17-1　植物維護年計劃表範例（以龍柏為例）

工作進度：──── 預定進度　──── 實際進度

植物種類	規格/WH(φ)	數量/株(/人²)	工作項目	預定工數	工具、材料	春 三月 四月 五月	夏 六月 七月 八月	秋 九月 十月 十一月 十二月	冬 一月 二月	備註（預定工數=預定天數×預定工時）
龍柏	0.6×3	100	1.定期澆水	73	澆水機具					365×0.2
			2.旱季灌水	4	灌水機具					10×0.4
			3.雨季排水	4	排水機具					10×0.4
			4.酷熱防範	1	遮場、灑水機具					5×0.2
			5.嚴寒防範	1	防寒遮風材與機具					5×0.2
			6.支柱更換	2	支柱更換材與機具					2×1
			7.夏季剪定	2	整株修剪機具					2×1
			8.冬季剪定	2	整株修剪機具					2×1
			9.定期剪定	8	整株修剪機具					8×1
			10.中耕、除草	3	中耕、除草機具					6×0.5
			11.施肥	3	化學、有機肥與施肥機具					3×1
			12.病蟲防治	3	病蟲防治藥劑與噴藥機具					3×1

以免因其他因素如風力或人為破壞而影響樹姿，甚至使樹木傾倒。在風災之前後更需以立支柱或拉索固定方式加以支持，以免倒伏或傾斜。所用材料有竹材、杉木、麻繩、杉皮等，大約每2～4年應更換支柱1次，且以多季更換為佳。

3.酷熱及嚴寒之防範

每一種植物均有其生長溫度之上下限，對於季節性的寒暑應預先作定期之準備，並對突發之天然災害（氣溫之驟變）採取有效之應變措施，以使災害之損失減至最低程度。

4.整枝修剪

為充分發揮庭園植物之機能與美質，並保持應有之樹形之美，必須定期加以整枝修剪（圖17-77）。一般樹木之整枝修剪工作包括：摘心、摘芽、摘蕾、環狀剝皮、刻傷、曲枝等。生長季節性的整枝修

圖 17-77　藉修剪維護樹形（傅克昌先生提供）

剪又可分爲:

　　⑴夏季剪定

　　以颱風之預防及整姿爲目的。於 5 月底至 8 月間實施。

　　⑵冬季剪定

　　以保護樹木及維持樹形爲目的。於 12 月至翌年 2 月間, 落葉樹落葉後萌芽前實施之。

　　5.綠籬之修剪

　　綠籬植物爲維持一定之形狀及高度, 必須定期作人工修剪, 通常夏季每 2～4 週修剪 1 次, 冬季 1～2 月 1 次 (需視作物種類、生長快慢及期望高度調節之)。

　　6.施肥

　　施肥是促進樹木生長及充實極重要的工作。基肥應於花木種植前或萌芽後施入土壤中, 通常使用有機肥料如堆肥、雞糞、廄肥、腐植土、豆粕渣等, 在樹冠周圍挖 15～30 公分深之溝施下或種植時混於植穴土壤中。追肥多用速效性肥料如過磷酸鈣、硝酸鉀、硫銨、尿素或複合肥料以分次薄施爲原則, 一般於 6～9 月施用, 花木類常於落花後施用, 施用方法可以直接撒施, 或溶於水中施用。

　　7.防風防雨措施

　　庭園樹木因通常經過移植手續, 所帶土球較小, 根群之發育與自然樹冠難成比例, 因此在栽植後 3～5 年內較易受風力、外力等之危害而致傾倒, 防風支柱之設立十分重要。一旦倒伏之樹木, 應於災後迅速扶正, 塡加沃土、灌水及重立支柱, 並做相當程度之修剪以促使恢復生長勢。

　　8.病蟲害之防治工作

　　對於造園樹木之病蟲害, 應先行正確診斷, 找出病因病源或蟲

害之發生種類，以便對症下藥迅速治療，同時注意藥害之防止。常用之殺菌劑，如大生 Z—78、大生 M—45、石灰硫磺合劑、億力、萬力，殺蟲劑如巴拉松、大滅松、美文松，殺蝸劑如大克蝸等。

9.其他

如卷幹、中耕除草、葉面撒水到工作視實際需要而定。

㈡一、二年生草花類的維護

一、二年生草花之生育期短，對氣候及水分之反應較敏感，所以造園若使用一、二年生草花材料時應先考慮草花之種類、數量、生長特性及管理維護之能力，對於栽培期間所需之花費——種植、移植、中耕、除草、施肥以及病蟲害之防治等均需作好成本及人力供應之預估。以下列舉一、二年生草花維護管理之要項：

1.灌水

草花對於水分之需求較敏感，一旦缺水即刻呈現凋萎現象，因此草花之管理維護工作澆水是一項極爲重要的作業。一般灌水可用噴壺澆水，規模大時可用橡皮管接噴嘴澆水，設備好的可用噴灑灌漑，但在草花開花之季節宜避免由上直接澆到花朵，而宜以地面灌水方式澆水，才不致使花朵凋謝過早。

2.中耕除草

草花之植株較矮小，如放任雜草叢生，必當耗地力且競爭日光，影響草花之生育，同時爲防止地面硬結，應勤加中耕鬆土及除草作業。

3.修剪

有些草花生長至某一階段，須定期修剪以利草花生長、開花、調整高度及姿態。其工作包括摘心、摘芽、摘蕾、摘花、摘側枝等。

4.施肥

草花於種植前整地時宜先拌入有機肥料及過磷酸鈣爲基肥，以

後視生長之快慢酌量施用氮肥及鉀肥，以液肥追施較為理想。如台肥寶效1號或2號複合肥料等均可施用。追肥宜每個月施用1次，連續施用2～3次，每次施用量不宜太多。

　　5.病蟲害防治

　　一、二年生草花較易發生之病害有白澀病、銹病、毒素病、菌核病，防治可噴布石灰波爾多液、石灰硫磺合劑，行土壤消毒，主要蟲害有蚜蟲、薊馬、夜盜蟲、小菜蛾、擬尺蠖、金龜子類等，防治用35%魚藤精乳劑1000倍液噴布；或60%大利農1500倍液噴布之。並於種植前，用40%阿特靈可濕性粉劑，10公畝地用600～900公克加水100倍均勻噴撒於地面，並拌入土中行土壤消毒。

　　㈢草地的維護

　　草地的管理與維護與草地的種類及草地的使用而有所差異，一般管理工作有下列數項：

　　1.初期養成期間之管理

　　在草坪剛種植之初期，應特別注意澆水，嚴禁人畜踐踏破壞，並注意保持草坪面的發育均勻，在沒有發芽的地方要儘快追播補植。在陷凹處應補填細砂或細土，發現雜草應予拔除，在1～2週內可用長木板墊高，行走於剛發芽之草皮，拔除小的雜草或在6～9週使用闊葉性除草劑除草（如2.4—D，2、4.5—Tp等）。

　　2.種植成功以後的管理

　　⑴施與目土

　　施與目土是充實匍匐莖，調整凹凸不平及分解有害的草屑（剪草後的草屑）等保持草坪蒼翠不老的重要作業。普通每年或2年施用1次(以3～4月最好)，目土之性質與床土最好相同，亦可加入砂或肥料、土壤改良劑等，平常施與之厚度為0.5～1公分，份量不宜過多，

以免埋沒草莖，導致腐爛，反而有害。

(2)施加追肥

當發現草坪草葉變淡黃，發育不良或出現紫紅色紅葉及葉質變硬，形狀轉小時即爲缺肥現象。應即施加追肥，普通以 20-10-10 複合肥料(粒狀)施用量在初春和草皮育成期間應稍爲多些，約每 3.3 平方公尺 100～150 克，秋季則用於補充越冬可略爲減少用量，約每 3.3 平方公尺使用 80～100 克，或者使用 8-5-10 複合肥料每公頃 100 公斤，施用後澆水，使之溶解而爲土壤吸收，即可很快產生肥效。

(3)剪草與垂直修剪

草之直立莖如果太長，不但妨礙觀瞻顯得雜亂，更對下層草葉有害，因此，應予定期修剪，剪草尙可防止雜草的滋生，增加草的密度，增強與雜草競爭能力。普通小庭園草坪之草高約 1.5～3 公分。草的生長依當年的氣溫、降雨量與次數而各有不同，但還是每月平均剪草 2 次左右(西洋草皮次數則更多)爲宜，在夏季生長旺盛時約隔 10 天左右即需剪草 1 次。剪下之草屑，易腐爛而發黴，應予移除連同落葉作堆肥。總之，適時的修剪可以避免草坪隆起茸草(長饅草)及產生紋路，保持草坪之平坦翠綠美麗。常見之剪草工具如圖 17-78 所示。

(4)灌水

草坪雖耐乾燥，但仍需予以充分灌水，以利生長。每次少量的時常灌水不如多量作 1 次灌水，1 次灌水量以能夠濕透表土 3～4 公分爲度(高爾夫球場則要求深度至少 4～5 吋，澆水太少，會使根部生長太淺)。灌水時間以晨間爲佳，黃昏及午後稍晚時澆水，會使草地整晚均處於潮濕狀態，如果溫度再有利於黴菌的生長，病害將會更嚴重。

(5)鬆土通風，改善根部之環境

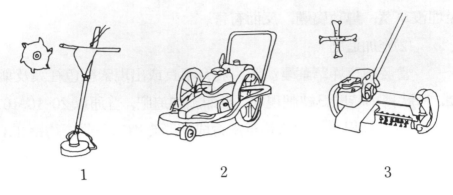

1   2   3

圖 17-78 剪草工具

　　多孔通氣透水的土壤爲植物生長的基本條件，但當草坪經常爲人畜踐踏或因雨水、重力關係，土壤會愈形密實或產生硬殼，無法透氣，甚而影響水分之滲透，此時即需使用鬆土器打洞鬆土或以裝有尖釘之耙使土壤呈現多孔，以助透氣滲水。

　　(6)雜草之防除

　　雜草是指在草坪上不應生長的植物，主要如車前草、鹿角草、蒲公英、酢漿草、羊蹄、莎草、土丁香、香附子、苦賈、鼠麴草、牛筋草等 20 餘種。其防治法不外：

　　　　a.勤加耕耘，經常以人工拔除草根及草株，防止雜草及種
　　　　　子侵入擴展（圖 17-79）。

　　　　b.化學除草劑之應用：大面積草坪可用選擇性除草劑（如
　　　　　2.4—D）除去闊葉草。

　　(7)病蟲害之防治

　　草坪之病害一般可以大生 Z—78、大生 M—45 或石灰硫黃合劑 1000 倍，每月噴布 1 次加以防除。草坪蟲害如金龜子幼蟲、夜盜蟲等常嚙食草根，可以 50％巴拉松 1000 倍液等殺蟲劑，每月灌注 1 次防治。

圖 17-79　挖除茸草以維護平整之草坪（傅克昌先生提供）

　(8)補修與更新

　　爲保持草地生長均勻美觀、平整，在草地生長期間，剷除不良草坪，更植新的草皮，乃成爲草地維護的一項重要工作，通常草地鋪設之後約經 4～5 年，便呈現老化現象，土壤固結，不利草皮生長，可於越冬時，將土壤翻新重行鋪植。

二、造園硬體設施的維護

㈠遊戲設施的維護

　　遊戲設施在庭園設施上爲常見者。遊戲設施的維護，影響遊戲設施的安全性至鉅。除須定期作保養維護工作，平時也應隨時檢查，以免發生意外。

㈡運動器具設施的維護

1.隨時檢查運動設施固著部分，並定期加注潤滑油。

2.容易磨損的部分隨時更換。

3.油漆部分定期刷新漆，以保持美觀的外表。

4.經常的保持設施之衛生，例如砂坑、涉水池等。

㈢休憩設施的維護

1.木製、鐵製、塑膠製等用具隨時檢查，一有破損、腐銹、脫落、固定不良時，立即修理或更新，並每年油漆1次。

2.建築設施如亭舍、棚廊等，每年檢查其破損、腐朽、脫落、固定不良，修理不良部分，需油漆者每年或兩年油漆1次。

㈣飾景設施的維護

1.水池、噴水池之排水系統，注意暢通，定期檢查及清掃；噴水口之阻塞應隨時修理之。

2.花鉢、飾鉢、雕像及花壇邊緣其特定之模樣色彩，因曝露空氣中而易被塵垢污染，需經常刷洗，若需油漆者，每年重新油漆1次。

㈤圍牆、柵欄的維護

1.鐵絲網或鐵柵若受衝擊破壞的部分，已達危險程度，應重建之。裸露之鐵絲網及鐵柵應每年油漆1次。

2.水泥磚砌牆，易於污染者，應定期洗刷。有倒塌或傾斜者，應重建之。如爲油漆者每年應重新油漆1次。

㈥園路、廣場等裝飾面的維護

1.水泥路面有龜裂、陷落時，應迅速補修。

2.水泥板、柏油路、石板、石片等裝飾有破損或凹凸不平者應即修補。

3.其他砂土鋪裝路如安定性不良時，應用滾筒輾壓。

㈦水景之維護

　　水景的維護以水池最爲麻煩，在國外，一般皆以冬季之維護——防止水池因池水結冰而龜裂爲最費力，本省得天獨厚，四季如春，則無須爲此費神。附有噴泉之水池較少養殖動植物，池水易於保持清澈，若池水變綠，即水中長藻、苔類，可在水中加些氯（漂白粉）將之殺死，若噴泉的水循環使用，直接由自來水供應，則池水的清潔更不成問題，因自來水本來就含有氯，且水的流動性大，故藻、苔類不易滋生，但每隔 3 年最好將池水放乾，把水池刷洗 1 遍，清除附在噴泉上的髒物並檢查池底、池壁有無裂縫，若有則應立即修補，一般小裂縫可用 1（水泥）：2（細砂）之水泥砂漿修補，裂縫若很大，則須先將裂縫鑿成 V 字型，先填些碎石，然後用 1（水泥）：1（細砂）之水泥砂漿填塞抹平，待混凝土完全乾固後再使用。至於養植物、動物之水池，雖然水池本身可達一種生態平衡（水呈淡綠色可維持好幾年不須換水），但仍以每年初春換清水 1 次爲佳，至少隔 2、3 年亦需換水 1 次，一則可藉此機會檢查水池有無裂縫，以免裂縫日漸擴大，而致無法修補。同時並可控制水生植物之生長，避免植物蔓延整個池面，不僅雜亂不雅，且水中若養魚，則陽光皆被葉片遮擋，空氣中的氧無法溶於水中，而無法生存。水池在夏季常因氣溫高，池中殘枝敗葉、動物殘骸、排泄物和其他有機物加速分解，而使池水變臭，在水面飄浮著一層厚厚海綿狀之綠色浮藻、苔類，此時應將植物和魚類取出，把池水排乾，用稀薄高錳酸鉀溶液洗刷池底和池壁，然後用橡皮管接水沖洗幾次，即可繼續使用。粘土作的水池，則只須讓其乾涸一段時間即可。

　　溪流、瀑布之水，因經年急速流動，故維護簡單，因其水面淺，若有裂縫或岩石鬆動，只要平時稍加注意即可發現，修補時先將水源關掉，把水排乾，修補後非至混凝土完全乾固，不得使用。流速較緩之溪流，可能因沖刷而砂泥淤積，若情況嚴重使水幾乎變成死水，則

表17-2　硬體設施的維護表
（以遊戲場管理工作的檢修表為範例）

| 業主（使用者）： _____ | 設施位置： _____ |
| 檢查員： _____ | 日　　期： _____ |

檢查項目	正常		待修		修復日期
A、主體結構	是	否	全	部分	
1.支柱基樁部分是否有外露、斷裂或鬆脫之情形。					
2.結構連結部分是否鬆脫、斷裂或損壞。					
3.螺絲釘、挿鞘部分是否牢固。					
4.焊接部分是否牢固。					
5.是否有鏽蝕的情況。					
6.木件的部分是否有嚴重腐蝕、斷裂及毀損的情形。					
7.油漆部分是否有嚴重剝落或翻起的現象。					
8.金屬與鐵件部分是否有不正常的開裂、彎曲或扭曲。					
9.螺絲及螺帽等接合零件是否有短少。					
10.所有的螺絲及螺帽等接合零件是否有鬆脫的現象。					
11.所有接頭部分是否穩固。					
12.所有轉環、承軸套管等接頭部分是否有潤滑或過度使用的現象。					
13.各部分零件是否有缺少或遺失的現象。					
14.是否有不當或尖銳的凸出物。					
15.設施物是否有因為變形、暴露或損壞而造成足以傷害的死角。					
B、遊戲項目					
1.塑膠遊具項目是否有斷裂或破損的情形。					
2.滑梯的支撐及固定樁等部分是否牢固。					
3.S型的鉤環是否有密合或損壞的情形。					
C、鞦韆					
1.所有S型的鉤環密合是否有損壞的情形。					
2.座椅部分是否有不當的凸出物。					
3.橡膠部分是否有損壞或不良的凸出物。					
4.鍊條與接頭部分是否情形良好。					
5.活動接合部分是否活動狀況良好。					
D、周圍環境					
1.遊具範圍內的彈性舖面是否離散或過度使用。					
2.遊戲場的周遭界限設施物是否狀況良好。					
3.是否有危險或不當物品在遊戲場內。					
4.遊戲戲場內是否清潔，無其他雜物。					

須停止使用，清除淤泥，洗刷溪床，並注意有無裂縫，岩石是否鬆動。

　　造園硬體設施的維護，最重要的是定期的檢修。至少每月應定期作一次檢修的工作，檢查、維修工作均需有專人負責。下例爲遊戲設施之檢修表，檢修工作完成後，必須將檢修日期，特別事項（遊戲設施的損耗），及處理方式（修理、撤除等）詳細記錄下來（表17-2）。

習 題

1.何謂造園?

2.試述造園的重要性。

3.規則式和自然式造園各有何特點?

4.中國式造園與法國式造園之特徵有何不同?

5.日本式造園與英國式造園之特徵有何不同?

6.試述造園組合原則如何達成統一感?

7.試述造園組合原則如何達成調和?

8.何謂對稱均衡、非對稱均衡、隱密均衡?

9.植物配植設計時如何達成韻律美?

10.試述錯覺在造園上之應用為何?

11.試說明設計前園地的自然環境與人文環境調查之項目有那些?

12.試說明造園施工之順序為何?

13.試說明園門之作用與園門之種類。

14.試述草坪之功能。

15.試說明草坪之構成法。

16.何謂花壇、花境、花叢,並請圖示說明。

17.請簡述觀賞樹木之用途。

18.請圖示說明樹木叢植時 2～6 株配置之方法。

19.請說明觀賞樹木移植時應注意那些事項。

20.說明觀賞樹木移植後如何維護管理。

21.試述園景中水景之功效為何?

22.試述自然式與規則式水池設計之主要原則。

23.請圖示說明飛石之排列方式。

24.試說明園景中石組之配置位置爲何?

25.試說明木本觀賞植物的維護工作有那些?

（生產實習）

　在校園內或校外，選擇適當場所，進行造園實習。

參考文獻

中文部份

王銘琪	1987	草本觀賞植物（一、二）	渡假出版社
王銘琪	1989	圖解造園施工手冊	合歡出版社
北京林業大學	1988	花卉學	中國林業出版社
豐年社	1980,1994	臺灣農家要覽	
李 㫷	1990	盆栽觀葉植物栽培	農委會
杜賡甡‧洪立	1975	草花名集彙	臺大園藝系
呂秋菊	1986	花材植物	渡假出版社
林進益	1975	造園學	中華書局
林進益	1968	花卉園藝學	中華書局
許圳塗	1985	臺灣百合生產技術	農委會
陳石如等	1982	造園學（上、下）	臺灣書店
凌德麟	1985	中國造園藝術的特質	
		造園季刊第一卷第一期	
黃敏展	1986	臺灣花卉彩色圖鑑	
		臺灣區花卉發展協會	
黃敏展	1989	非洲菊栽培	農委會
黃敏展	1990	臺灣花卉栽培技術	行政院青輔會
熊泰坤等	1993	觀賞植物	地景出版社
劉維敏	1982	花卉園藝學（下）	臺灣書店

蔡福貴	1988	木本觀賞植物（一、二）	渡假出版社
薛守紀	1992	中國菊花圖譜	淑馨出版社
薛聰賢	1987	家庭園藝	薛氏家庭園藝出版部
薛聰賢	1992	臺灣花卉實用圖鑑	
			薛氏家庭園藝出版部
謝平芳等	1981	植物與環境設計	住都局
謝瑞娟等	1990	造園學	地景出版社

日文部份

土橋　豐	1992	觀葉植物1000	八坂書店
日本造園學會	1985	造園ハンドブック	技報堂
北村信正	1987	造園施工管理	技報堂
西村建依	1979	造園施工	誠文堂新光社
池田二郎	1967	現代造園	農業圖書
塚本洋太郎	1952	花卉泛論	養賢堂
塚本洋太郎	1952	花卉園藝	朝倉書店
塚本洋太郎	1976	原色園藝植物圖鑑(1～5)	保育社
塚本洋太郎	1984	原色花卉園藝大辭典	養賢堂
塚本洋太郎	1990	園藝植物大事典(1～6)	小學館
穗坂八郎	1953	花卉園藝	地球株式會社

英文部份

A. Cort Sinnes. 1980. *How to Select and Care for Shrubs & Hedges.* Ortho Books.

Elizabeth Wilkinson & Marjorie Henderson. 1992. *Decorating*

EDEN: A Comprehensive Sourcebook of classic Garden Details Chronicle books. San Francisco.

Isoa Yoshikawa. 1992. *Japanese Stone Gardens: Appreciation and Creation.* Graphic-She.

Jack E. Ingels. 1978. *Landscaping: Principles and Practices.* Delmar Publishers.

J. L. Krempin. 1983. *1000 Decorative Plants.* Croom Helm.

Michael Laurie. 1988. *An Introduction to Landscape Architecture.* Elsevier Publishing Co.

Paul Ecke Jr., O.A. Matkin and David E. Hartley. 1990. *The Poinsettia Manual.* Paul Ecke Poinsettias.

Reader's Digest. 1975. *Encyclopaedia of Garden Plants and Flowers.*

Roy A. Larson. 1992. *Introduction to Floriculture.* Academic Press.

Shoichiro Higuchi. 1992. *Barcelona Environmental Art: Urban Design and Artwork.* Kashiwashobo.

Virginia F. & George A. Elbert. 1989. *Foliage Plants for Decorating Indoors.* Timber Press.